义务教育教科书指定书目

无障碍阅读

寂静的春天

[美] 蕾切尔·卡森 著

李文昭 译

JIJING DE CHUNTIAN

西安出版社

图书在版编目（CIP）数据

寂静的春天 / （美）蕾切尔·卡森著；李文昭译.
-- 西安：西安出版社，2017.8
义务教育教科书指定书目
ISBN 978-7-5541-2479-6

Ⅰ.①寂… Ⅱ.①蕾… ②李… Ⅲ.①环境保护—青
少年读物 Ⅳ.①X-49

中国版本图书馆CIP数据核字(2017)第216960号

由于所选译本无法与译者取得联系，对此我们深表歉意！敬请译者（或相关人）看到本书后，及时与我们联系，以便我们奉上稿酬及样书！

寂静的春天

[美] 蕾切尔·卡森　著　　　李文昭　译

责任编辑：潘　高
特约编辑：雷清漪
出版发行：西安出版社
社　　址：西安市长安北路56号
电　　话：（029）85264440
印　　刷：陕西五二三文化传播有限公司
开　　本：650mm×920mm　1/16
印　　张：16
字　　数：198千
版　　次：2017年8月第1版　2017年8月第1次印刷
书　　号：ISBN 978-7-5541-2479-6
定　　价：29.80元

·序·

　　作为一位被选出来的政府官员，给《寂静的春天》作序有一种自卑的感觉，因为它是一座丰碑，它为思想的力量比政治家的力量更强大提供了无可辩驳的证据。1962年，当《寂静的春天》第一次出版时，公众政策中还没有"环境"这一款项。在一些城市，尤其是洛杉矶，烟雾已经成为一些事件的起因，虽然表面上看起来还没有对公众的健康构成太大的威胁。

　　资源保护——环境主义的前身——在1960年民主党和共和党两党的辩论中就涉及到了，但只是目前才在有关国家公园和自然资源的法律条文中大量出现。过去，除了在一些很难看到的科技期刊中，事实上没有关于DDT及其他杀虫剂和化学药品的正在增长的、看不见的危险性的讨论。《寂静的春天》犹如旷野中的一声呐喊，用它深切的感受、全面的研究和雄辩的论点改变了历史的进程。如果没有这本书，环境运动也许会被延误很长时间，或者现在还没有开始。

卡森在论战中具有两个决定性的力量：尊重事实和非凡的个人勇气。她反复地推敲过《寂静的春天》中的每一段话。现实已经证明，她的警言是言简意赅的。她的勇气、她的远见卓识，已经远远超过了她要动摇那些牢固的、获利颇丰的产业的意愿。当写作《寂静的春天》的时候，她强忍着切除乳房的痛苦，同时还接受着放射治疗。书出版两年后，她逝世于乳腺癌。具有讽刺意味的是，新的研究有力地证明了这一疾病与有毒化学品的暴露有着必然联系。从某种意义上说，卡森确确实实是在为她的生命而写作。

在她的著作中，她还反对科学革命早期遗留下来的陈腐观念。人（当然是指人类中的男性）是万物的中心和主宰者，科学史就是男人的统治史——最终，达到了一个近乎绝对的状态。当一位妇女敢于向传统挑战的时候，它的杰出护卫者之一罗伯特·怀特·史帝文斯语气傲慢、离奇有如地球扁平理论那样地回答说："争论的关键主要在于卡森坚持自然的平衡是人类生存的主要力量。然而，当代化学家、生物学家和科学家坚信人类正稳稳地控制着大自然。"

正是今日眼光所看出的这种世界观的荒谬性，表明了许多年前卡森的观点多么地具有革命性。来自获利的企业集团的谴责是可以估计到的，但是甚至美国医学协会也站在了化工公司一边。而且，发现DDT的杀虫性的人还获得了诺贝尔奖。

但《寂静的春天》不可能被窒息。虽然它提出的问题不能马上解决，但这本书本身受到了人民大众的热烈欢迎和广泛支持。当《寂静的春天》的销售量超过了 50 万册时，CBS 为它制作了一个长达一小时的节目，甚至当两大出资人停止赞助后电视网还继续广播宣传。

肯尼迪总统曾在国会上讨论了这本书，并指定了一个专门调查小组调查它的观点。这个专门调查小组的调查结果是对一些企业和官僚的熟视无睹的起诉，卡森的关于杀虫剂潜在危险的警告被确认。不久以后，国会开始重视起来，成立了第一个农业环境组织。

《寂静的春天》播下了新行动主义的种子，并且已经深深植根于广大人民群众中。1964 年春天，蕾切尔·卡森逝世后，一切都很清楚了，她的声音永远不会寂静。她惊醒的不但是我们国家，甚至是整个世界。《寂静的春天》的出版应该恰当地被看成是现代环境运动的肇始。

《寂静的春天》对我个人的影响是相当大的，它是我们在母亲的建议下在家里读的几本书之一，并且我们在饭桌旁进行讨论。姐姐和我都不喜欢把任何书拿到饭桌旁，但《寂静的春天》例外。我们的讨论是愉快的，留下了生动的记忆。事实上，蕾切尔·卡森是促使我意识到环境的重要性并且投身到环境运动中去的原因之一。她的榜样激励着我，使我写了《濒临失衡的地球》，它是被哈顿·米夫林公司出版的，当然不是偶然的。这个公司在卡森的整个论战过程中都支持了她，也因此得了一个好名声，出版了许多关于我们的世界所面临的环境危险的好书。她的照片和那些政治领导人——那些总统们和总理们的照片一块悬挂在我办公室的墙上。它已经在那里许多年了，它属于那里。卡森对我的影响与他们一样，甚至超过他们，超过他们的总和！

作为一位科学家和理想主义者，卡森又是个孤独的听众，官场的人们常常难以如此。当她接到一封来自马萨诸塞州的杜可斯波里的一个名叫奥尔加·哈金丝的妇女的关于 DDT 杀死鸟类的信时，她就构思出了《寂静的春天》。现在，因为卡森的努力而禁止了DDT，一些与她有着特殊关系的鸟类，如鹰和移居的猎鹰，不再处于绝迹的边缘。因为她的著作，人类，至少是数不清的人，保住了性命。

蕾切尔·卡森警告了一个任何人都很难看见的危险，她试图把环境问题提上国家的议事日程，而不是为已经存在的问题提供证据。从这种意义上说，她的呐喊就更难能可贵。具有讽刺意味的是，她于 1963 年在国会作证时，参议员阿伯拉罕·李比克夫（AbrahamRibicof）欢迎她时令人不安地模仿林肯恰好一个世纪以前的话说："卡森小姐，你就是启始这一切的女士。"

尽管卡森的论辞铿锵有力，尽管美国采取了禁止DDT的行动，环境危机却不是变好，而是越来越糟。或许灾难增长的速率减缓了，但这本身就是一种令人不安的牵挂。自《寂静的春天》出版以来，仅农场用的农药就加倍到每年 11 亿吨，危险的化学药品的生产增长了 400%。我们自己禁止使用了一些农药，但我们仍然生产，然后出口到其他国家。这不仅使我们陷入一种以出卖自己不愿意接受的公害并从中获利的状态，而且也反映出了在对科学无国界观念的理解上的原则性错误——毒杀任何一个地方的食物链最终会导致所有的食物链中毒。

卡森警告说，我们等待的时间越长，我们要面对的危险就越多："我们正遭受着暴露的化学药品的全面污染。动物实验已经证明它们极具毒性，很多情况下它们的效果还会积累。这种侵害在出生时或出生前就开始了。如果不改变我们的方法，这种侵害会贯穿整个生命历程，没有人知道结果会怎样，因为我们未曾有过这样的经历。"自从她下了这些断言，我们已经悲哀地经历了许多，癌症和其他与农药有关的疾病的发生率猛增。难办的是我们并非什么都没做过，我们已经做了一些重要的事情，可是我们所做的却远远不够。

环境保护署于 1970 年成立了，这在很大程度上是由于蕾切尔·卡森所唤起的意识和关怀。杀虫剂管制和食品安全调查机构都从农业部移到了新的机构，而农业部自然只是想了解谷物上喷洒农药的好处，而不是危险。从 1962 年，国会就号召确立杀虫剂的检验。注册和资料的标准，不是一次，而是三番五次，但大部分标准都被忽视、推迟和废弃了。

显而易见，合理使用杀虫剂不得不平衡危险与利益的关系，同时也要考虑经济因素，但我们也不得不把特殊利益的砝码排除在标准。平衡之外，标准必须是明确的、严格的，检查必须彻底、真实。长时间以来，我们对孩子规定的对农药残余物的忍耐水平超过了他们应有水平的几百倍。怎样计算经济效益才能为之辩护呢？我们必须检查化学药品对孩子的影响，而不仅仅是成人。同时，我们不得不检验一定范围化学品的不同组合。我们必须检查，不仅为了减少恐惧，也为了减少我们不得不恐惧的东西。

如果农药不必需或在特定条件下不起作用，那么请不要冒昧使用。效益应该是真正的，不是可能的、暂时的或投机的。

总之，我们必须把精力集中在生物制剂上，这也许是工业界和政治辩护士所敌视的。在《寂静的春天》中，卡森提到了"真正的了不起的可以替代化学药品控制昆虫的替代品"。今天，这些替代品很广泛，尽管受到了大多的官员的冷眼和制造商的抵制。为什么我们不致力于推广无毒物呢？

1992年，一个杰出美国人的组织推选《寂静的春天》为近50年来最具有影响的书。这些年来，贯穿着所有政治争论，这本书一直是对自我满足情绪的理性批评。它告诫我们，关注环境不仅是工业界和政府的事情，也是民众的分内之事。把我们的民主放在保护地球一边。渐渐地，甚至当政府不管的时候，消费者也会反对环境污染。降低食品中的农药量目前正成为一种销售方式，正像它成为一种道德上的命令一样。政府必须行动起来，人民也要当机立断。

我坚信，人民群众将不会再允许政府无所作为，或者做错事。

蕾切尔·卡森的影响力已经超过了《寂静的春天》中所关心的那些事情。她将我们带回如下在现代文明中丧失到了令人震惊的地步的基本观念：人类与自然环境的相互融合。本书犹如一道闪电，第一次使我们时代可加辩论的最重要的事情显现出来。在《寂静的春天》的最后几页，卡森用罗伯特·福罗斯特的著名诗句为我们描述了"很少有人走过的道路"。一些人已经上路，但很少人像卡森那样将世界领上这条路。她的作为、她揭示的真理、她唤醒的科学和研究，不仅是对限制使用杀虫剂的有力论争，也是对个体所能做出的不凡之举的有力证明。

美国前副总统 阿尔·戈尔（此处对原文进行了删节）

·目　　录·

第一章

明日寓言

名师带你读

你知道是什么让美丽的小镇突然笼罩上了死亡的阴影吗？鸟儿们都到哪儿去了？为什么新的疾病一直不停地出现？

从前，在美国的中西部有个小镇，那里所有的生物都和周围环境融为一体。小镇位于一块块棋盘般密布的农田之中；富庶的农场、麦田和满是果树的山丘交织成一幅美丽的图画。春天时，白云般的花朵飘荡在翠绿的田野中。在秋天，橡树、枫树和桦树展现出烈火般纷飞跳跃的彩焰，在苍松的底幕上熊熊燃烧。还有狐狸在山林中嗥叫，小鹿无声无息地横越田野，身影在秋日晨曦的迷雾中若隐若现。

沿着路边，几乎一整年都有令游客赏心悦目的月桂树、荚迷树和赤杨，以及大簇的羊齿植物和野花。即使是冬天，路边的景色也是美丽的；无数的小鸟会飞来啄食浆果和露出雪面的干草种子。事实上，这个乡镇就是闻名遐迩的鸟类聚集地；每到春秋季节，候鸟群集飞来时，会吸引许多远道而来的游客前来观赏。也有一些人来河边钓鱼；河水从山上顺流而下，冰凉清澈；溪流中的阴凉水湾里，汇集着不少的鳟鱼。自从早期定居者在这里盖房子、掘井、搭建谷仓以来，这里就一直是这个样子。

后来，一场奇怪的瘟疫袭击了这个地区，一切就开始改变了。莫名的诅咒降临——神秘的鸡瘟将鸡群一扫而亡，牛群和羊群病的病，死的死，到处都笼罩在死亡的阴影中。农人都在诉说家人生病的事；镇里的医生越来越觉得奇怪，为什么新的疾病一直不停地出现？很多人突然死于不知名的疾病，甚至小孩会在玩耍中忽然倒地，几个小时之内就莫名地死亡。

不寻常的寂静突然降临。"鸟儿都到哪里去了？"很多人问起，感到迷惑不安。后院的喂鸟槽已遭弃置，眼前所见的鸟都激烈颤抖着，无力飞翔，奄奄一息。那是个无声的春天。过去，在清晨，充满了知更鸟、反舌鸟、鸽子、松鸦、鹪鹩，和其他数十种鸟共鸣的大合唱，现在则一点声音都没有，只有"寂静"覆盖着农田、森林和沼泽。

农场的母鸡孵不出小鸡。农夫们抱怨猪养不大，产下的小猪越来越小，而且活不了几天。苹果树开满了花，却因为没有蜜蜂在花丛中授粉而结不了果实。

过去路边美妙的景致，好像被火烧过一样，成为一片灰黄。这

里也一样静悄悄的，被所有生物弃绝。甚至溪流也变得了无生机。没有人来钓鱼，因为鱼都死了。

　　屋檐下的水沟和屋顶的瓦片间，留有一处处白色粉粒形成的斑点；这些粉粒在数周前如雪花般飘落下来，降落在屋顶、草坪、田野和溪水中。

　　这不是巫术，也不是敌人阴谋阻挠新生命在这受创的世界诞生，而是人自己造的孽。

　　这个小镇实际上并不存在，但在美国或世界其他地方，很容易找到上千个像这样的市镇。我想没有一个地方完全遭遇过前面我所描述的不幸，但是其中每一件都的确曾经在某些地区发生过。可怕的幽灵，已不知不觉地笼罩在我们身上，这些想象的悲剧，可能很快就会成为众所周知的事实。

　　在无数的市镇里，是什么压抑了春天的声音呢？本书将试着回答这个问题。

鉴赏与思考

　　原来美丽宜居的小镇，突然变得一片死寂，而作者说这一切是人自己造的孽。从一场瘟疫的前后明显对比中，提出了一个引人深思的问题：人类究竟对自己生存的家园做了什么？

第二章

忍耐的义务

名师带你读

你知道化学物质是怎样在自然界和生物体中循环的吗？为什么说"杀虫剂"应该叫作"杀生剂"？它带来了哪些危害？

地球上生命的历史，始终是生物与环境相互作用的历史。动植物的形体与习性，大部分是由环境塑造而成。就地球整个寿命来看，由生物反过来改变环境的作用，相对而言是微不足道的。唯有现代这一段时间，才有一种生物——人类，拥有强大无比的力量去改变世界的本质。

在过去的25年中，这股力量不但急剧增长到令人不安的地步，而且在性质上也有了改变。人类迫害环境，最令人心惊的，是用危险、甚至足以致命的物质来污染空气、土壤、河川与海洋。这种污染大

多是无法补救的；它所引发的祸端，不但对世界造成无可挽回的伤害，而且还殃及生物本身。现今环境污染已相当普遍，化学物质既可怕又鲜为人知，而且和辐射一样能改变生命本质。核子试爆释放出的锶90，会随着雨水降落，形成原子尘飘落到地上，留在土壤里，进入牧草、玉米和小麦中，再由此进到人体的骨骼里直至死亡。同样，喷洒在耕地、森林或花园里的化学物质，会长期潜伏在土壤内，再进入生物体中，从一个个体传到另一个，形成一连串中毒与死亡。或者，它们会悄悄地经由地下水，透过空气和阳光的作用，化合成新的物质，毒害草木和牛群，并使常喝井水的人在不知不觉中感染病症。真如史怀哲所言："人几乎辨认不出自己所造的魔鬼。"

现在居住在地球上的生物，是花了几十亿年时间演化而来的；在这段几近永恒的时间里，生物已发展、演化、分化到一个得以适应环境并与之达成平衡的程度。而环境以其所含的物质，支持并滋养生物，同时也严苛地塑造且指引生物。有些岩石会发出危险的放射线，甚至所有生物能量来源的阳光，也含有有害的短波辐射。只要假以时日——不是几年，而是几千年，生物就会适应，与环境达成平衡，因为时间是根本的因素；然而，现今世界的变化太迅速，根本来不及平衡。

人类性急而轻率的步伐让新局势产生的速度和变化远远超过了自然界从容的节奏。

以前，放射线是比生命更老的地岩辐射、宇宙线以及太阳光紫外线等；现在的放射线是人类激发原子所生的、非自然的产物。所有生物都要适应的化学物质，不仅仅是钙、硅、铜，以及其他从岩石冲洗而下，由河流带入海洋的矿物质，而是由人类富有创造力的心智所合成的产物——从实验室酿造出来的，在自然界是找不到的。

要适应这些化学物质，需要依照自然界的时间表，不只是人的一生，而是好几个世代。纵使奇迹出现，生物真能适应了，也是枉然，因为新的化学物质会不断推陈出新，永无止境地涌冒出来。光是美国，每年便有近500种化学合成物问市，而且数量在不断增加。试想，每年人类和动物必须去适应500种崭新的化学物质，后果实在难以想象。

这些化学物质有很多是用来对抗大自然的。从40年代中期以来，已有200多种基本的化学物质出现，用于除虫、除草、灭鼠，以及消灭通称为"害虫"的生物，并以几千种不同的品牌出售。

目前，几乎所有的农场、花园和家庭，都用喷雾杀虫剂将所有"益虫"与"害虫"一概灭绝，使鸟儿不再歌唱，小溪的鱼儿不再跳跃，树叶覆上一层致命的薄膜，药剂留在土壤里久久不散，而这一切的本来目的只不过是为了除去几根杂草或几只虫罢了。布下这层毒幕，可能对生物无害吗？它们不应该称"杀虫剂"，而是应该叫作"杀生剂"。

而喷洒化学药品的频率，似乎正在节节上升。自从DDT开放民间使用以来，寻找更多毒品的潮流就愈是欲罢不能。因为昆虫已发展出抗杀虫剂的超强品种，大大证实了达尔文"适者生存"的理论。因此，也就有必要去发展药力更强的杀虫剂，接着又发展更强的。此外，除了其他在本书往后章节会讨论的因素外，具破坏力的昆虫往往会显出"反扑效果"，在农药喷洒之后又活跃起来，数量比以

前还多。像这样的化学战永远赢不了，所有的生物也都难逃其害。

因此，现在的核心问题，是整个人类的环境被化学物质所污染，和核能战争一样，这有可能造成人类的灭亡。这种化学物质，有无比的杀伤力——能累积在动植物体内，甚至进入生殖细胞里，破坏或改变遗传物质。

有些梦想设计未来的人，期盼有一天能设计改变人的基因。但是我们现在或许已在无意中轻松地做到了，因为许多化学物质和放射线一样，会造成基因突变。可笑的是，像选择杀虫剂这种小事，竟可能决定人类自己的前途。

这样的冒险，为的是什么？未来的历史学家可能会对我们的鲁莽作风感到讶异。聪明的人类，怎么会为了控制区区几种不想要的生物而出此下策，污染整个环境不说，还给自己带来疾病和死亡的危机？据说，大量使用杀虫剂并扩大使用范围，是维持农产品产量所必需的。然而，过度生产不正是我们的问题吗？尽管国家采取了措施来减少耕地、补偿农民，但农产品的产量过剩还是相当惊人。1962 年，美国的纳税人花了数十亿美元在剩余粮食储存计划上。而就在农业部某个部门试图减少产量时，另一个部门却在1958年宣布："在农业银行的规定下，减少耕地只会刺激农民使用更多的农药，为了在现有的耕地上能获得最高产量。"

这并不是说，害虫问题不存在，或者不需要控制，而是说，害虫管制必须切合实际，而非针对虚构的状况。此外，所用的方式不能把我们连同昆虫一起消灭。

像这种意图解决问题，却反而带来一连串问题的情况，是我们现代生活的副产品。远在人类尚未出现以前，昆虫就已经住在地球上了；它们是一群种类繁多，善于适应环境的生物。自人类出现后，有一小部分昆虫，约 50 多万种，在两大方面与人类的利益发生冲突——食物竞争与疾病传染。

昆虫传染病的问题，在人类群居时非常严重；特别是当卫生状况不佳时，例如天灾、战争，或极端贫困的处境。这时，管制昆虫是有必要的。不过，如我们下面所要看到的，大量使用化学物质的效果不但有限，反倒使状况恶化。

原始的农业社会很少有虫灾问题。随着农业效率的提高，广大的农田只用来种植单一作物，害虫才逐渐增多。单一作物的耕种方式，并不是利用大自然的原则，而是工程师为发展农业想出来的。大自然创造出种类繁多的景物，人类却热衷于将它们简化，以至于自然界本有的管理平衡、各物种互相牵制的系统遭到破坏。大自然有一种重要的牵制力，即每一物种适合生存环境是有限的。所以，靠麦田过活的昆虫在只种麦子的田地所能繁殖的数量，远比混有其他农作物的农田多很多。

同样的问题也发生在其他方面。几十年前，美国很多小镇都在道路两旁种满高大的榆树。这种美景，现在正遭到重大的病害，带菌者是一种甲虫。如果榆树是和许许多多不一样的植物种在一起，这种甲虫就不可能大量繁殖，进而将病菌在一棵棵榆树之间传染开来。

现代另一个虫灾问题，是有上千物种从原产地蔓延到新的领域；这必须从地理背景和人文历史来看。这种世界性的迁移现象，英国

生态学家查尔斯·埃尔顿在新书《入侵生态学》中已详细描述过。在几亿年前的白垩纪，大洪水切断许多连接各陆块的桥梁，使多种生物陷于埃尔顿所形容的"庞大孤立的自然保留区"，这些和同种生物完全隔离的生物，便在保留区发展成新的品种。大约 1500 万年前，一些大陆板块又接合在一起，这些新物种便开始流动到新的领域。这种迁徙现在仍在进行，而且还受到人类相当大的帮助。

　　植物的引进，是现代物种扩散的基本途径，因为动物几乎无可避免地跟着植物走；相对来说，检疫是最近的发明，可惜效果并不理想。单是美国植物推广处，就从世界各地引进了将近 20 万种各式各样的植物。在 180 种左右的美国植物主要虫灾中，有一半是无意中由国外引进的，其中大部分是随着植物一起进来的。

　　这些侵入新领域的动植物在原产地受到天敌的控制，在新的地方则完全脱离天敌的威胁，得以大量繁殖。因此，最棘手的昆虫往往是外来引进的，绝非偶然。

　　像这样的侵入行为，不管是自然发生或是人为使然，都可能会不断发生。检疫和大规模使用化学物质费用昂贵，可是也不过是在延缓问题的发生罢了。我们现在所面临的，诚如埃尔顿博士所言："在生死攸关时，不要用新科技抑制某种植物或动物的繁殖，我们需要具备关于动物繁殖和它们与环境互动关系的基本知识，这样做将可以促进平衡，减缓新侵入的动植物突然大量繁殖的可能。"

　　很多必要的知识我们都有，但总是不去应用。我们在大学培养出生态学家，我们的政府机关也聘用生态学家，但我们却很少采用他们的建议。我们任凭含有化学药物，能置人于死地的雨水从天而降，好像没有其他办法似的。然而，事实上办法多的是，只要有机会，依我们的才智很快便能找到。

我们是否已经像行尸走肉般，逆来顺受地接受这些劣等、有害的东西，好像已经失去意志或目标去要求更好的？照生态学家保罗·薛柏的说法，这样就好像"在腐败的环境里，只要能把头伸到比自己能容忍的限度高出几寸就好了……为什么我们得忍受慢性食物中毒、死气沉沉的家园、趣味不怎么相投的交际圈子、让人快要神经错乱的汽车噪音？谁愿住在仅可幸免一死的世界上？"

然而，一个这样的世界正在向我们逼近。建构一个用化学物质消毒、无虫害世界的运动，似乎激发了许多专家和大部分所谓管制单位的狂热。已有充分的证据显示，喷洒农药的单位做起事来毫不留情。康涅狄克州的昆虫学家尼利·特那说道："昆虫学家们在执行工作时，就像检察官、法官、陪审员、估税员、收款员和州长自己实施自己发布的命令一样。"对杀虫剂的滥用不管是在州还是在联邦机构，都在毫无阻拦地进行。

我的意思并不是说化学物质绝不可用，而是我们已把对生物有毒害的东西，未加区分便交给对潜在危险大部分或完全无知的人。有无数的人已经接触过这些毒药，既未经过他们的同意，他们也多半不知情。美国权利典章没有保障国民不致遭私人或官方散播的致命毒品所害，必然是因为我们的前辈以他们的智慧与远见，也没想到会出现这样的问题。

此外，我更要说，我们容许人们使用这些药物，而这些药物对土壤、水质、野生动物和人类自己的影响，却少有进一步的调查。

对哺育生命的大自然的整体性如此疏于考虑，未来的子孙恐怕不会原谅我们。

化学物质威胁大自然的原因，大家还所知有限。这是个专家的时代，每一位专家只看到自己狭小范围内的问题，对于全面性的问题不是浑然不觉就是看法偏颇。同时，这也是企业界掌权的时代，无人敢质疑其不惜任何代价赚钱的权力。每当证据明确显示杀虫剂有害，而引起民众抗议时，企业界就给出一些半真半假的答案来哄骗人。我们急需中止这种虚伪的保证、包裹骇人事实的糖衣。虫害防治人员所评估的危险，是一般大众必须去承担的。因此大众必须决定是否要继续往这条路走下去；但是唯有在完全了解事实后，才能做这样的决定。正如金·罗斯甸所言："忍耐的义务也让我们有知情的权力。"

鉴赏与思考

作者用说明文的写作手法讲述了核子试爆的污染物和人们随意释放的化学物质，是怎么样对人类和自然造成危害的。同时告诉人们，作为普通大众，我们在义务忍耐的同时更应该有知情权。

思考 在"寂静的春天"里，人类扮演了什么样的角色？

第三章

致命的万灵丹

名师带你读

　　化学物质都在哪些地方可以检测出来？你知道二次世界大战以后，杀虫剂最主要的成分是什么吗？现代杀虫剂主要有哪两类？

　　现今，每个人从母体内受孕到死亡，都在被迫接触危险的化学物质，这是以前从未发生过的。化学物质使用不到 20 年，人工合成的杀虫剂就已经遍布生物界和无生物界的每个角落；在大部分主要河流，甚至看不见的地下水源，都能检测到这些化学药物。十几年前用的药剂，土壤里可能到现在还留有残余，或已进入鱼类、鸟类、爬虫类、家畜及野兽体内；情况已普遍到科学家做动物实验都找不到未受污染的动物。连人迹鲜至的山林湖泊里的鱼，土壤潜藏的蚯

蚓，鸟儿的蛋及人类体内，都可发现化学物残留。现在绝大多数的人，不分老少，都有化学物质储存在体内，它们还出现在母亲的乳汁里，也可能出现在还未出世的胎儿体内。

所有这些，都是因为生产人工合成杀虫剂的工业突然大幅增长。这种工业是第二次世界大战的产物：在制造化学武器的时候，人们发现有些实验室制造出来的化学物质能把昆虫杀死。这项发现并非偶然，因为昆虫就像替罪羊，一直是人们用来做实验的对象。

结果，人工合成的杀虫剂不断地出现。借着分子的排列组合及原子的替换，这些在实验室巧妙制成的人造产物，和战前简单的杀虫剂有很大的不同。后者取自天然的矿物和植物：砷、铜、铅、锰、锌，及其他矿物的化合物；除虫菊精来自干菊花，硫酸尼古丁来自某种烟草，而毒鱼藤素取自东印度的豆种植物。

人工合成的杀虫剂不一样的地方，在于其对生物有强大的药性。不只是毒害，它们还能破坏生物体内重要的代谢过程并导致死亡。正如本书将探讨的，执掌保护功能的主要酶遭到破坏，体内制造能量的氧化步骤被阻断，各器官的正常功能无法进行，使细胞慢慢地产生不可逆的变化，进而发展成恶性癌细胞。

然而，每年更新、药性更强的化学物质一直在增加，新的用途也不断研究出来，因此接触这些物质已成为全球趋势。在美国，人造杀虫剂的产量从 1947 年的 1.24259 亿磅，增加到 1960 年的 6.3766 亿磅，增加了 5 倍之多。这些产品的批发价超过 2.5 亿美元。但是就产业的计划与期望来看，这么庞大的产量只不过是个开始。

所以，杀虫剂的本质成为我们应该关心的问题。既然我们和这些化学物质亲密地生活在一起——吃、喝它们，把它们带进血液及骨髓中，我们最好对其性质和药效有一些了解。

第二次世界大战过后，农药的成分从无机化合物转变为碳分子的天下，但是少数几种旧材料仍然继续存在。其中最主要的砷，是许多除草剂和杀虫剂的基本成分。砷是毒性强的矿物质，广泛分布于各种矿物内，不过也有极少量存于火山、海洋及泉水中。砷与人类的关系错综复杂，历史悠久。因为许多砷化合物无味无臭，所以自古以来，一直都是很受欢迎的杀人毒药。砷存在于英式烟囱的烟垢中，和一些芳香族碳水化合物一样有致癌性，这是两百年前一位英国医生发现的。长时间殃及广大人口的慢性砷中毒，在历史上存有记录。受到砷污染的环境，也会使马、牛、羊、猪、鹿、鱼和蜜蜂生病死亡。尽管有这些记录，对于含砷的农药，很多人还是照喷不误。美国南方产棉的农村，因为喷洒砷的缘故，养蜂业已完全绝迹；长期使用含砷农药的农夫，罹患了慢性砷中毒，家畜也遭毒死。空中飘浮的喷雾微粒，从蓝莓园扩散到邻近的农场，污染河水，毒死蜜蜂和牛群，也使人生病。"近年来，我国在使用砷物质上完全不顾公众的健康。"美国国立癌症研究中心环境致癌权威的休柏博士说，"看过人们怎么喷洒含砷杀虫剂的人，对他们极端轻率的态度必定无法忘怀。"

而现代的杀虫剂毒性更强。主要分为两类，一种是"碳氢化合物"，以DDT为代表；另一种是有机性的磷酸化合物，以较为人熟知的马拉硫磷和对硫磷为代表。如前所述，它们是由碳原子构成；碳原子是生物界不可或缺的组成原料，因此属于"有机物"。要了

解它们，我们必须先知道其组成，以及它们如何从生命的基本化学物质转变为致命的毒药。

碳原子几乎可以无穷尽地彼此结合，成为链状、环状等各种结构，或者和其他物质的原子结合。事实上，生物之间，从细菌到巨大的蓝鲸，有着各种各样的生物多样性，主要归功于碳的这种能力。如同脂肪、碳水化合物、酶、维生素的分子一样，复杂的蛋白质分子正是以碳原子为基础的。同样，在非生物身上也有大量的碳存在，因为碳并不是生物才有。

有些有机化合物只是碳和氢的组合；最简单的甲烷，又称为沼气，在自然界就是有机物加水经细菌分解而成。甲烷和空气适当比例混合，便成为煤矿坑里可怕的"火气"——瓦斯。其结构很简单，是一个碳原子和四个氢原子连结而成：

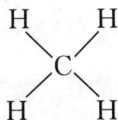

$$\begin{array}{ccc} H & & H \\ & C & \\ H & & H \end{array}$$

化学家发现，甲烷的一个或所有氢原子可以让其他元素所取代。例如，用氯原子取代一个氢原子就成为氯甲烷：

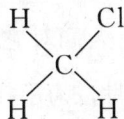

$$\begin{array}{ccc} H & & Cl \\ & C & \\ H & & H \end{array}$$

把其中三个氢原子拿走，换上氯原子，就变成可作为麻醉用的氯仿：

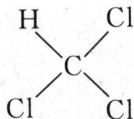

$$\begin{array}{ccc} H & & Cl \\ & C & \\ Cl & & Cl \end{array}$$

用氯原子取代所有的氢原子，就变为四氯化碳，也就是大家都很熟悉的清洁剂：

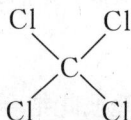

$$
\begin{array}{ccc}
Cl & & Cl \\
& C & \\
Cl & & Cl
\end{array}
$$

简单地说，环绕着基本的甲烷分子的反复变化，说明了究竟什么是氯化碳氢化合物。但是这样的说明显示不出碳氢化合物在化学上的复杂性，也无法看出为何新的物质可以从中无止境地创造出来。化学家的目的并非合成简简单单的只含单一碳原子的甲烷，而是含许多碳原子的碳氢化合物，排列成环状或链状，有副链和支链；而且互相纠结的化学键不仅是由简单的氢或氯所形成，还有各式各样的化学基。只要一点点的改变，整个物质的特性就会跟着改变。例如，和什么原子相连很重要，和哪一个碳相连也很重要。借着如此巧妙的操纵手法，一种有无比威力的毒药，就这样创造了出来。

DDT[①] 最先是德国一个化学家于 1874 年合成的，但是直到 1939 年才有人发现其杀虫的威力。结果一夜之间，DDT 马上被推崇为消灭害虫和昆虫传染性疾病的灵丹妙药。DDT 的发现者——瑞士的保罗·穆勒因此得到诺贝尔奖。

目前 DDT 已非常普遍，人们对它熟悉到以为可以安心使用的程度。DDT 刚开始用于战争时，为了扑灭虱子，有无数的军人、难

① DDT：又叫滴滴涕，二二三，化学名为双氯苯基三氯乙烷（Dichloro—diphenyl—trichloro—ethane 的缩写），是有机氯类杀虫剂；为白色晶体，不溶于水，溶于煤油，可制成乳剂；为 20 世纪上半叶防止农业病虫害，减轻疟疾伤寒等蚊蝇传播的疾病危害起到了不小的作用，但由于其对环境污染过于严重，目前很多国家和地区已经禁止使用。

民和战俘曾被喷洒过 DDT。一般人以为，既然这么多人都被直接喷过 DDT，而没有出现任何症状，DDT 一定是无害的。之所以会有这种错误的观念，原因是粉状的 DDT 不容易被皮肤吸收，这也是DDT 和其他碳氢化合物不一样的地方。然而 DDT 一旦溶于油中，毒性就变得非常强。如果吃到肚子里去，DDT 会慢慢地由肠胃道吸收，也可能由肺吸收。一旦进入生物体内，大部分会储存在富含脂肪的器官里(因为 DDT 是脂溶性的)，如肾上腺、睾丸或甲状腺等。另外，肝脏、肾脏及肠系膜的脂肪也可储存大量的 DDT。

生物体内 DDT 的储存，由摄取少量的 DDT 开始(大部分的食物都含有 DDT 的残余)，不断累积到相当高的程度。储存 DDT 的脂肪，经生物放大作用，原来食物中少至千万分之一的摄入，会在体内累积到 10—15%，增加了 100 多倍。这些用词是化学家或药学家常用的，1ppm(百万分之一)听来似乎很少，但是因为这种物质药性是这么强，只吸入微量就可以在体内造成巨大的变化。根据动物实验发现，3ppm 的含量会抑制心肌里一种主要酶的活动，只要 5ppm 就会导致肝细胞坏死或解体。至于和 DDT 极接近的狄氏剂和氯丹，只需 2.5ppm 就有同样的药效。

这一点都不令人惊讶。在人体正常的化学作用下，就存在着这种小因素引起的严重后果的情况。例如，少至 200 微克的碘，就能造成疾病和健康之别。由于这些杀虫剂是一点点慢慢累积，而且只能缓慢排泄出来，所以能使肝脏和其他器官慢性中毒和退化。

人体能储存多少 DDT，科学家并没有一致的看法。美国食品与药物管理局药理部主任李曼医师表示，DDT 能被吸收的量没有最高或最低量。然而，美国卫生局海耶斯博士却认为，DDT 一旦在人体内累积到一个平衡点，过多的 DDT 就会被排泄掉。目前对人体储存的问题已有深入的研究，而我们知道一般人体内都累积有潜在的危险分量。根据调查，没有直接接触 DDT 的人（除了不可避免的饮食外）体内平均含有 5.3—7.4ppm，务农者含有 17.1ppm，而农药厂的工人则高达 648ppm！因此，储存量的范围很广，更重要的是，就算是最少的储存量，也已超过危害肝脏或其他器官与组织的剂量。

和其他相关化学物质相比，最可怕的一点是它们能经由食物链从一种生物传给另一种生物。例如，在苜蓿田喷洒 DDT，而后拿苜蓿喂鸡，鸡生的蛋就会含有 DDT；或者把含有 7—8ppm 的 DDT 的牧草喂乳牛，就会有 3ppm 的 DDT 出现在牛奶中，用这牛奶制成的牛油，DDT 的浓度可能会超过 65ppm。经过这样的变换过程，极少量的 DDT 也可能会累积到浓度极高的程度。现今牧民很难找到未受污染的饲料去喂养乳牛，然而食品与药物管理局已禁止含杀虫剂残余的牛奶出售。

这种毒药也可能由母亲传给小孩。食品与药物管理局的官员曾在人奶样品中发现杀虫剂残余；这表示由母乳喂养的孩子，正不断吸收有毒的化学物质。然而，这孩子绝不是出生后才接触到化学物质的。有充分的证据显示，早在母体中就开始了。胎盘是一道保护胎儿，不致受到母体有害物质伤害的屏障，但根据动物实验，氯化碳氢化合物的杀虫剂可以自由通过胎盘。虽然胎儿吸收的量很少，但因孩子比成人容易中毒，所以也会造成严重的后果。这种情形也

代表着，今天一般人几乎在生命一开始就在吸收化学物质，并在往后的生命中不断累积。

像这样由少量逐渐累积，即使正常饮食都有可能损害到肝脏的情况，使得食品与药物管理局的官员早在 1950 年就宣布："我们可能低估了 DDT 潜在的伤害。"医学史上从未有过类似的情况，也没人知道后果如何。

氯丹也是一种氯化碳氢化合物，具有 DDT 一切令人讨厌的性质和其独有的特性。它的残余可以长期停留在土壤、食物及喷洒地点的表面上。氯丹可经由所有管道进入人体；可以被皮肤吸收，喷洒的尘粒可由呼吸吸入，若被吃下去则可由肠胃吸收。和其他氯化碳氢化合物一样，它也可以在人体内累积。食物中若含 2.5ppm 这么少的氯丹，在实验动物的脂肪中也可能累积到 75ppm。

经验丰富的药理学家李曼博士在 1950 年就曾说过："氯丹是一种毒性最强的杀虫剂，人一碰到就会中毒。"住在郊区的市民却随便使用氯丹喷洒草坪，可见他们并没把警告放在心上。这些郊区市民没有马上病倒并不代表什么，因为毒药可以长期潜伏体内，使人在数月或数年后才生出不明的病症，而且追溯不到来源。另一方面，氯丹也有可能立刻置人于死地：有人曾不慎将 25% 的氯丹溶液洒到了皮肤上，结果在 40 分钟内便出现中毒症状，来不及抢救便送了命。这种中毒症是不可能提前发觉通知医生及时抢救的。

七氯是氯丹的成分之一，以不同的配方在市面上出售，非常容易在脂肪囤积。如果食物中仅仅含有 0.1ppm，便可在人体内累积到相当大的量。同时，在土壤和动植物的组织里，它也能变成另外一种化学性完全不同的物质，称为环氧七氯。在用鸟类做实验时显示，环氧七氯的毒性比七氯更强，而后者的毒性又是氯丹的4倍。

远在20世纪30年代中期，就有人发现一种特殊的碳氢化合物，叫作氯化萘，会导致肝炎；对职业上常接触的人，则会引起一种少见而致命的肝病。在电子业工作的人，常因此而得病或死亡；在农业中，人们认为它会使牛群罹患一种离奇而致命的疾病。鉴于这些先例，可见与氯化萘相关的三种杀虫剂是所有烃类化合物中毒性最强的。它们分别是狄氏剂、艾氏剂和安德萘。

狄氏剂是以德国化学家狄尔斯命名的，如果吞到肚子里去，其毒性比DDT强5倍，若以溶液的形式由皮肤吸收，则毒性强上40倍。它药力很快，对神经系统有很强的破坏作用，使中毒者痉挛，而复原起来也极为缓慢，它的药效是慢性迁延性的。和其他氯化碳氢化合物一样，长期作用会严重损坏肝脏。由于药效持久，对昆虫杀伤力强，狄氏剂成为当今最常用的杀虫剂，但其对生态有极大的破坏力，有人用鹌鹑和野鸡做过实验，其毒性比DDT强40—50倍。

对于狄氏剂是怎么在生物体内扩散、储存或排泄出来，没有人知道，因为化学家发明杀虫剂的才能，早已超过我们对这些化学药物对生物体影响的认知。不过，有证据显示，狄氏剂可以在人体储存很久，如休眠的火山一样，一旦身体用到储存的脂肪时，药效就会爆发出来。许多我们现在知道的知识，来自世界卫生组织在扑灭疟疾中所得的惨痛经验。当人们一用狄氏剂取代DDT时（因疟蚊对DDT已

产生抗药性），负责喷洒狄氏剂的人员马上有中毒的迹象，一半以上的人会产生痉挛，有些人因此死亡，有些人在4个月后才会发生痉挛。

艾氏剂是一种神秘的物质，它虽然和狄氏剂不一样，却可以变成狄氏剂。喷洒过艾氏剂的田地所生产的萝卜，会含有狄氏剂。这种变换能在活细胞和土壤中发生，常误导许多人做出错误的检验报告，因为若只检验艾氏剂的成分，就会以为没有残余，而实际上，这些残余是变成了狄氏剂，需要不同的方法才检验得出来。

艾氏剂和狄氏剂一样毒性很强，会使肝脏和肾脏功能衰退。和一粒阿司匹林一样大小的剂量，就能杀死400只鹌鹑。人中毒的案例也是有的，大部分是职业上需要直接接触的人。

艾氏剂和大部分这一类杀虫剂一样，也威胁到未来，那就是不孕症。用不至于致死的剂量喂养的野鸡，几乎不能生蛋，孵出的小鸡也活不长。这种后果不只限于鸟类，对老鼠也一样，会减低受孕机率，小老鼠也活不久，而被喂过艾氏剂的母狗生下的小狗，不到三天就死了。为何新生的一代得承受上一代遭到的毒害？没有人知道是否同样的后果也会发生在人类身上，然而这种化学物质已被飞机喷洒到郊区和农田里。

异狄氏剂是所有氯化碳氢化合物中毒性最强的，虽然在化学上和狄氏剂非常接近，但是因分子结构的一点改变，使药性比狄氏剂强5倍，亦使杀虫剂的鼻祖DDT黯然失色。异狄氏剂的药效对哺乳动物比DDT强15倍，对鱼类强30倍，对某些鸟类强到300倍。

在使用异狄氏剂的十年中，无数的鱼因而死亡，牛群因不慎走入喷过异狄氏剂的果园而中毒，水井也受到污染，使许多州的卫生局发出警告，指出轻率使用异狄氏剂会危害人类健康。

在异狄氏剂中毒案件中，有个悲惨的例子倒不是使用不当所造成，因为事前的确有周详的预防措施——一对美国夫妇带着一岁大的孩子搬去委内瑞拉，由于房子有蟑螂，所以就请人来喷洒异狄氏剂。在上午九点开始喷药前，大人把小孩和家里的小狗带到了屋外。喷洒后房子地板清洗过了，直到下午的时候，才把小孩和狗带回屋里。过了大约一个小时，小狗开始呕吐、抽搐，随即死亡。当天夜里十点钟，小孩也开始呕吐、抽搐，不省人事。经过这次和异狄氏剂致命的接触之后，这个原本正常、健康的小孩几乎变成了植物人——看不见、听不到，肌肉经常抽搐，与外界完全隔离。在纽约一家医院经过数月的治疗，病情丝毫没有改善，也看不出有治愈的希望。据医生表示："不大可能会有任何转机。"

第二种主要杀虫剂是烷基和有机磷化合物，也是世上最毒的化学物质之一。它们最主要也最明显的毒害，是毒性发展迅速，中毒的通常是喷洒的人，或不小心接触到喷雾、被喷洒过的植物或弃置容器的人。在佛罗里达州，有两个小孩找到一个空袋子，就用它来修理秋千，一会儿工夫两个人都死了，和他们一起玩儿的三个小朋友也病倒了。原来那个袋子曾经装过对硫磷，那是一种有机磷，中毒是会致命的。另一个案例发生在威斯康辛州，有两个表兄弟在同一晚上死亡，一个是当他父亲用对硫磷喷洒马铃薯田时，他正好在附近玩耍，中毒了； 另一个是跟着父亲到谷仓里，用手摸过喷药器的喷嘴，也中毒了。

这些杀虫剂的来历，带有一些讽刺意味。虽然这些磷酸有机

酯的化学物质许多年前就有人知道，但是杀虫的特性一直到 1930 年末期才被德国化学家史雷德发现。德国政府马上就想到可以用这些物质做出威力强大的新武器，而开始秘密进行研究。于是，这些东西有些成为致命的神经毒气，其他有类似结构的则成为杀虫剂。

有机磷杀虫剂对生物的作用不同的是，它们可以破坏生物体内所需的酶。不管是昆虫或温血动物，其目标都是神经系统。在正常情况下，神经之间消息的传送是靠一种化学性的"神经传导物质"，叫作"乙酰胆碱"。乙酰胆碱在执行功能后就会消失，其实它存在的时间非常短暂，若无特殊方法，科学家是无法在它消失之前取得样品的。这种瞬间消失的性质，是化学传导在生物体正常运作时所必须的。若乙酰胆碱在神经刺激过后还继续存在，刺激就不断在神经间传来传去，而且作用越来越强。身体的运作便会变得不协调，发生颤抖、肌肉痉挛、抽搐，直至死亡。

对这种可能发生的意外，生物体已有所准备。有一种保护性的酶叫作"乙酰胆酯酶"，可以破坏用过的乙酰胆碱。这样，身体就可达到平衡，不会累积太多危险的乙酰胆碱。然而，乙酰胆酯酶一碰上有机磷杀虫剂就会受到破坏，因此降低乙酰胆酯酶的含量，会使乙酰胆碱累积起来。多次接触杀虫剂的人，乙酰胆酯酶会减少，直到濒临急性中毒的程度。这时，可能只需极微量的杀虫剂，就能让这个人中毒。因此，施行喷洒或常接触杀虫剂的人，必须定期做血液检查。

对硫磷是用途最广的有机磷化合物，同时也是药效最强、最危险的药物之一。蜜蜂一碰到对硫磷，就会变得异常兴奋、好斗，狂乱得不能自已，在半小时内就奄奄一息。有个化学家想知道对硫磷对人类毒害的剂量，就吞下极小的量，大约等于0.00424盎司，结果马上就瘫痪了，快得他来不及吃手上准备好的解毒剂，就当场死亡。据说在芬兰，常有人用对硫磷自杀。最近几年，美国加利福尼亚州每年平均有二百多起对硫磷意外中毒的事件。在全世界许多地方，对硫磷的致死率很是惊人：在1958年印度有100件，叙利亚67件，而在日本每年平均有336件。

然而，现在美国的农场和果园，就用了700万磅的对硫磷，用人工、机器，或飞机喷洒。光是用在加利福尼亚州农场的量，据一位医学权威表示，就足以毒死全地球的人口五六次。

幸好对硫磷及其他类似的化学物质很快就会分解；和氯化碳氢化合物比起来，其残留在农作物上的时间很短，不过也足以造成严重伤害或死亡。在加利福尼亚的里弗赛德，有30个人在摘橘子，其中11个人突然生病，除了一个以外都被送进医院。他们的症状都是典型的对硫磷中毒。由于橘园大约在20天前喷过对硫磷，那使他们呕吐、半失明、半昏迷的对硫磷残余，已有16—19天之久了。而这还不是最持久的；同样的情况也曾发生在对硫磷喷过一个月的橘园，而且在半年前喷过对硫磷的橘子皮上也发现了对硫磷的残余。

在农田、果园及葡萄园使用有机磷杀虫剂对工人非常危险，所以有些州设立实验室以协助医生诊断与治疗。医生也会有危险，除非在处理病人的时候戴上手套。同样的，清洗病人的衣服时也必须

戴手套，因为衣服可能吸收到对硫磷。

马拉硫磷是另外一种有机磷化合物。它广泛用于去除花园或一般家庭的蚊虫，几乎和DDT一样众所皆知。在佛罗里达州曾为了扑灭地中海果蝇，被喷洒在将近100万英里的土地上。马拉硫磷在这类化学物质中毒性最低，因此很多人以为可以随便使用，商业广告更是鼓励大家安心使用。

如此宣称马拉硫磷是"安全"的，实在很危险，其危险性一直到使用数年后才被人发现。人们之所以认为马拉硫磷比较"安全"，是因为哺乳类的肝脏含有一种保护酶能化解马拉硫磷的毒性。如果这种酶被破坏或其作用遭到干扰，接触马拉硫磷的人就会受到毒素的全面入侵。

不幸的是，这种事情常常发生。几年前，食品与药物管理局一组科学家发现，若把马拉硫磷和其他有机磷化合物混用，毒性可以增加50倍。换句话说，只要将二者致命剂量的1‰混在一起，就能达到致命的效果。

这项发现，使人们开始测试合并其他药物的试验。现在我们已经知道，许多有机磷杀虫剂合并使用是很危险的，因为它的毒性在混合后会增强。增强作用的原因似乎在于，其中一种化合物会破坏分解另一种化合物的酶。就算两种化合物没有同时使用，如果这一周用这种杀虫剂，下一周用另外一种，还是会产生上面所说的这种危险。此外，消费者食用喷洒过的农产品也会有同样的危险。普通的色拉，可能就含有各种不同的有机磷杀虫剂。在法令许可范围内的残余量，也可能会互相作用。

　　这种化学药品互相作用的严重性，可能还没有人知道，不过实验室里常常有令人不安的发现。例如，一种有机磷化合物的毒性，可以被另一种物质增强，而那种物质却未必是杀虫剂。例如某种塑化剂就比其他杀虫剂更能增强马拉硫磷的毒性，因为它有可以抑制肝脏里的酶分解马拉硫磷的功能。

　　那么，人类环境中的其他化学品又是怎样的呢？尤其是药物，是怎样的情况呢？关于这方面的研究才刚刚起步，但是人们已经知道，一些有机磷酸酯（对硫磷和马拉硫磷）会使一些肌肉松弛药剂的毒性增强，其他几种有机磷酸酯（也包括马拉硫磷）会使巴比妥盐酸的休眠时间明显地变长。

　　在希腊神话中，有一位女巫名叫美狄亚，因为被丈夫伊阿宋抛弃，在盛怒之余，将一件魔袍送给了他的新欢。穿了这件魔袍的人，会立刻暴毙。这种间接杀人的手段，现在有一种新的方法叫作"渗透性杀虫剂"。这种杀虫剂特性，就是能把动植物变成美狄亚的魔袍，使它们变得有毒性，目的是毒杀昆虫，特别是那些吮吸动植物汁液或血液的昆虫。

　　渗透性杀虫剂的世界很可怕，超乎格林童话作者所有的想象。在这个世界里，神话中被下了魔法的森林变成了剧毒森林，昆虫咬下一片叶子或吸一口树汁，就必死无疑；咬了狗的跳蚤会倒地毙命，因为狗血是有毒的；昆虫会被植物发散出来的毒气毒死；蜜蜂会把有毒的花蜜带回家，制成有毒的蜂蜜。

　　应用昆虫学家发现，麦子种在含有硒酸钠的土地上，就不会受到蚜虫和小蜘蛛的破坏。他们从这种自然界的现象中得到灵感，于是，

发明这种杀虫剂就成为他们的梦想。硒是一种天然的元素，在世界许多地方的岩石和土壤都能找到，因此成为第一个渗透性杀虫剂。

渗透性杀虫剂之所以有渗透性，是因为它能渗透动植物的组织，使之具有毒性。化合物和人工合成的氯化碳氢化合物、有机磷化合物，以及自然界某些物质，都有这种性质，在应用时则大多使用有机磷化合物，因为残余的问题相对来说，不那么严重。

渗透性杀虫剂发挥作用的途径有许多种：比如，将种子浸泡在渗透剂里，或裹上一层渗透剂和碳粉混合物的溶液，它们的药力会延伸到下一代植物内，长出的幼苗会毒死蚜虫和其他吮吸式昆虫。像豌豆、菜豆等豆类和甜菜，有时就是靠这种方法进行保护的。裹有一层渗透性杀虫剂的棉花种子，在加利福尼亚州使用了很长一段时间之后，1959 年，在圣华金河谷里有 25 个农场工人突然病倒，病因是接触了裹有渗透性杀虫剂的种子。

在英国，有人想知道如果蜜蜂在经过渗透剂处理的植物上采蜂蜜，会有什么结果。他们在还未开花的植物上喷了一种叫作"八甲磷"的药物，结果发现蜜蜂从这些植物中采的花蜜仍然含有八甲磷。

渗透剂在动物方面的使用，主要是为了对付牛蛆——一种危害畜牧的寄生虫。使用渗透剂时必须非常小心才可使动物的血液及组织有杀虫的效力，而又不至于把牛毒死。这种平衡是很微妙的，政府官员发现，若给牛使用多次小剂量的渗透剂，将逐渐减少牛体内的保护性胆碱酯酶。因此，如果因为药的效力不明显，额外再增加哪怕一点点剂量，都会让牛中毒。

很多迹象清楚地显示出，这方面的发展已经影响到我们的日常生活。如今，你可以给你的狗喂一片药，这种药会使狗的血液含毒，进而消除虱子的困扰。在牲畜身上发生的危害也有可能发生在狗的身上。就目前看来，还没有人建议研制人类渗透剂来让我们对付蚊子。也许，这就是下一步要发生的事情。

本章到目前为止，讨论的都是用致命的化学物质来对抗昆虫。那我们又是怎么对付杂草的呢？

由于大家希望有一些简便的方法能去除不要的植物，这一愿望催生了越来越多、各式各样的化学药物问世，我们通称为除草剂。在第六章将谈到我们是如何滥用除草剂的。此处要谈的是，除草剂是否有毒，以及除草剂是否会加重环境污染。

有一种广为流传的说法是：除草剂只对植物有毒，对动物无害。不幸的是，这种说法是不对的。除草剂包括许许多多不一样的化学物质，对动物和植物的组织都有影响。其作用视生物种类而定，有些是一般性毒品，有些能强力刺激新陈代谢，使体温升高到可以致命的程度，有些能单独或和其他物质一起导致恶性肿瘤，有些能造成基因突变。因此，除草剂就像杀虫剂一样，如果轻信其安全性而随便使用，将会带来灾难性的后果。

尽管有新的化学物质不断从实验室制造出来，含砷化合物还是很常用，它不但被使用为杀虫剂，也以亚砷酸钠的形式用作除草剂。亚砷酸钠的使用记录很令人忧心；用它喷洒路边的杂草，曾造成牧牛及无数野生动物的伤亡；用它消除湖泊和水库的水草，又会污染公共饮水，甚至不宜游泳；用来消除马铃薯地里的薯藤，后果是让

动物和人类因此丧命。

在英格兰，人们本来用硫酸去除马铃薯藤，直到 1951 年因硫酸短缺才改用亚砷酸钠。当时农业局觉得有必要在喷过亚砷酸钠的农田设立警告标志，但是显然牛群看不懂警告标语（想必野生动物和鸟类也一样），因此牛群中毒的事件接连不断。直到一个农夫的妻子也因喝了砷污染的水而中毒死亡后，英国一家大型化学公司才在 1959 年停止生产含砷的农药，并召回经销商手中的存货。不久后，农业部宣布，由于对人类和牲畜造成严重威胁，决定限制亚砷酸钠的使用。1961 年，澳大利亚政府也出台了类似的禁令。然而，在美国，没有人阻止这些毒药的使用。

"二硝基"化合物也可用作除草剂，在美国它是这类药物中公认最危险的，二硝基酚能强烈刺激新陈代谢，因此曾被用来减肥，但是减肥和中毒的剂量相差极微，因此使好几个病人死亡或受到永久性的伤害，结果就被禁用了。

另一个相关的化学物品——五氯苯酚，可用作杀虫剂和除草剂。它被常用来喷洒铁轨和荒废的区域，其毒性非常强，覆盖范围广，小到细菌，大到人类，都难逃其毒。它和二硝基化合物一样是致命的毒药，会干扰体内能量的生产，使生物把自己的能量全部消耗掉。最近在加利福尼亚州发生的一件命案，充分显示出它那可怕的毒性：有个卡车司机把五氯苯酚和柴油混合配制成了棉花脱叶剂。当他把桶子内的混合物往外倒时，不小心把塞子掉进了桶里，于是，他没戴手套就将手伸进桶里把塞子取了出来，虽然马上洗了手，可还是中毒了，隔天就死了。

一些像亚砷酸钠或酚类等除草剂的毒性是显而易见的，但还有一些除草剂所引起的后果，是潜伏极深的。例如：现在流行的蔓越橘除草剂——氨基三唑，或称为"杀草强"，人们认为它的毒性轻，但是，它却可能引发甲状腺恶性肿瘤，其后果可能比前者更为可怕。

在除草剂中还有一些被分类为"突变剂"，因为它能改变基因，也就是遗传物质的药物。放射线对遗传的影响已经使我们心惊胆战了，那么，对于广泛散播在我们周围的这些会引起基因突变的化学药物，我们还能感到无所谓吗？

鉴赏与思考

这章详细介绍了几种常用化学物质的品性及危害，这些致命的化学物质不仅用来对抗昆虫，同样用来对付杂草。作者用举例论证的方法，列举了许多实例和实验分析，虽然科学而严肃，但它揭开了化学物质的真面目，并且让人感到不寒而栗。

思考 当这些化学物质充斥在每个角落的时候，人类将会变成什么样？

第四章

地球的水

名师带你读

水资源遭受了哪些污染？你知道水在生命链中是如何循环的吗？为什么清水湖中消灭的蚋虫能死而复活？

在所有天然资源中，水最为珍贵。地球表面绝大部分是海洋，然而我们却还有缺水的问题；矛盾的地方在于，地球上大部分的水因为盐分过高，并不适用于农业、工业或人类日常生活；因此世上大部分人不是经历过，就是正面临着严重的水荒。在这个时代，人类忘却自己的根源，看不清自己赖以生存的基本需求，所以和其他天然资源一样，水也成为人类漠不关心的牺牲品。

杀虫剂污染水质的问题，唯有从人类污染环境的全面性来看，才能了解其严重性。排放入水道的污染物质，来源有很多：包括反应堆、实验室和医院的放射性废料，核子爆炸的原子尘，市镇的垃圾，工厂的化学废物等，以及另一种污染——喷洒在农地、花园、森林和田野的化学物质。这些物质一旦混合起来，可以产生类似或增强辐射的作用，而且还会彼此反应、转化，或产生相乘效果，产生不为人知的危害。

自化学家开始制造自然界原本不存在的物质以来，水质污染的问题就变得复杂起来，而用水的危险性也增加了。如前所述，人造化学物质的大量生产，始于 1940 年，现在人们每天倒入水道的化学物质，总量是相当惊人的。这些化学物质因大部分都很稳定，若和一般垃圾聚合，流到水里，往往是一般净水设备所难以检测和分解的。在河流中，许许多多不同种类的污染物质结合所产生的沉淀物，卫生专家只能胡乱称之为"脏东西"。麻省理工学院的罗夫·艾利安森在国会作证时，针对这些化学混合物的作用及其有机成分指出："那是什么东西？对人有什么作用？我们还不知道。"用来防治昆虫、鼠类和杂草的化学物质，以不断增长的速度，形成这些有机污染物。有些是人们故意掺入水中以去除植物、昆虫的幼虫或不要的鱼类，有些是森林喷雾中带来的。喷洒森林可涵盖 300 万英亩，为的是消灭某一种害虫，但是杀虫剂却直接落入河川或从叶缝流入林地，展开一段漫长的污染旅程，缓缓流向海洋。大部分的污染，或许源自农场为防治昆虫或鼠类所施用的数百万磅农药；由于这些农药是水溶性的，所以可由雨水冲入海洋。

有列举不完的证据显示，在溪流和公共水源地，到处都有这些化学药物的残留。例如：宾夕法尼亚州一个果园饮水所含的农药，

能在仅仅 4 小时内，将实验室专供测试的鱼毒死。从喷洒过农药的棉花田下游取得的水样品，在经净水厂处理后仍能导致鱼类死亡。在阿拉巴马州田纳西河的 15 条支流里，由于水曾流过喷过农药的农田，导致下游的鱼全数毒死；其中有两条支流还是供应都市用水的水源。在杀虫剂喷过一周后，设置在下游鱼网中的金鱼，仍然一只只地死去，证明河水依然有毒。

这类污染，绝大多数难以察觉，除非有成千上万的鱼突然死亡，才会引起人们的关注。负责水质检查的化学家尚未对这些有机污染物进行定期检测，也没有办法清除它们。但是，无论检测到与否，杀虫剂仍然存在。而且，就像施用于地表的其他大量化学药物一样，它们已经进入我们国家的一些主要河流，甚至全部。

若有人怀疑农药污染河流的普遍性，我们来看看美国鱼类和野生生物保育协会在 1960 年公布的一份报告。该协会进行了一项研究，来调查鱼类是否和温血动物一样，会把农药积聚在体内。在美国西部曾为了防治云杉卷叶蛾而在林地喷洒 DDT，不出所料的是，从林区捕捞的鱼，体内全部含有 DDT。更惊人的是，在上游 30 里外，没有喷过农药的鱼，和这些在林地之间有一个大瀑布隔离开的鱼，都同样含有 DDT。农药是透过地下水渗透污染的吗？或是经过空气，飘散到溪流表面的？在另一项调查中，发现一个养鱼场的鱼也含有 DDT，而鱼场的水源来自一口深井，并没有农药喷洒的记录。所以，污染的唯一途径，似乎就是地下水。

在全部的水污染问题中，没有什么能比地下水污染的威胁更令人担忧的了。在水中使用杀虫剂而不威胁水质，在任何地方都是不可能的。大自然的运作绝少是在密闭、隔离的状况下进行，地球的水流系统也是如此。雨水降落到田地，从土壤和岩石的隙缝，一层层穿透地层，最后来到一处充满水气的地带，一片漆黑的地下海洋。这些地下水一直都在移动，速度有时每年不超过 50 英尺，有时又将近每天 1/10 英里，经由看不见的水道，从地面各处以泉水涌冒出来，或经人挖凿成为井水。但大多数的地下水都进入河流，除了直接降落的雨水外，地球表面的流水都曾一度是地下水，因此，地下水污染就等于全部的水都会被污染。

有毒的化学物质，必定能经由这片漆黑的地下海洋，从科罗拉多州某个工厂漂流至数里远外的农地，污染水井，使人和家畜生病，并损害农作物；这可能只是个开端而已。在 1943 年，位于丹佛市附近的陆军化学兵部队洛基山兵工厂开始制造军用品。8 年后，军工厂的设备租用给了一家私人石油公司，生产杀虫剂。然而，在生产开始之前，奇怪的事情便开始出现。数里外的农民抱怨说家畜患了奇怪的疾病，田里的庄稼也遭到破坏：树叶变黄，植物不能长大，很多作物一夜间死去。人类患病的消息也时有传出，有人认为这事与兵工厂有关。

这些农田的灌溉水，来自一口浅井。在 1959 年，数个州和联邦政府机关一起对这口井水进行了检验，结果发现，井水中含有多种化学药物成分。洛基山兵工厂在数年的经营中，将氯化物、氯酸盐、磷酸盐、氟化物和砷等倒入废水池中。兵工厂和农田之间的地下水已遭污染，污染物在七八年间流了二三英里长的距离。这种渗透污染会进一步蔓延，不知道要污染到哪里去。检验人员对如何限制污

染范围束手无策。

这已是够糟的了，但最可怕的是，在某些井水和废水池中竟然发现除草剂2,4－D(二氯苯氧基乙酸)。毫无疑问，这就是农作物遭到毁坏的原因。但奇怪的是，兵工厂并不制造2,4－D。经过长期的仔细研究，工厂化学家得出结论：2,4－D是在废水池中自然合成的。从兵工厂倒出的废物，经空气、水分和阳光的作用，未经人的参与，便使废水池成为制造新化学药物的实验室，这种新化学药物就是能对植物产生剧毒的2,4－D。

因此，科罗拉多州农场及受害的作物，超越了地域性，具有广泛的意义。不仅是科罗拉多州，其他水源地的化学污染，是否也有类似的情况存在？在湖水和溪流中，在空气和阳光的催化下，有哪些危险的化学药物会产生出来，而我们能将之分类为"无害"的？其实，化学物质污染水质最可怕的一面是，尽管任何化学家都没有想要在实验室合成这些化学药物的念头，却难以避免这样的事实：我们的河水、湖水或蓄水池，甚至餐桌上的一杯水中，都含有一堆混合的化学药物。这些混合的化学物质，可能会相互作用。美国公共卫生局的官员担心，这些相对无毒的化学物质会合成有毒的物质大量出现，这是极为严重的。化学反应可能发生在两种或多种化学物质之间，或者化学物质与放射性废物之间。在离子放射线的作用下，原子可能会重新排列、改变化学性质，后果既无法预测，也无法控制。

当然，不仅是地下水遭到污染，地表的溪流、河水和灌溉水也一样。后者提供了一个令人担心的例子，似乎正在加利福尼亚州的图利湖及南克拉玛斯湖的国家野生动物保护区酝酿。这些保护区是一系列保护区的一部分，还包括位于俄勒冈州边界的北克拉玛斯湖保护区。这些保护区共享一处水源，如小岛一样串连在一片海洋似的农田中。这些农田都是经由人工排水和引流，从原是水鸟天堂的沼泽和开放水域改造而成。现今，保护区附近农地的灌溉水来自上南克拉玛斯湖，水灌溉了农地之后，再注入图利湖，接着渗入北克拉玛斯湖。因此，所有野生动物保护区的水均来自这两个湖，农田排水的水质也是如此；这和下列发生的事有很大的关系。

1960 年夏天，保护区工作人员在图利湖和北克拉玛斯湖捡到数百只死鸟和奄奄一息的鸟，其中大部分是吃鱼的苍鹭、鹈鹕和海鸥。经过分析，发现它们都含有下列农药残留：毒杀酚、DDD 以及 DDE。两湖中的鱼体内含有杀虫剂，湖中的浮游生物也包含杀虫剂。保护区负责人认为，杀虫剂的残余还不断在保护区的流水中激增。

倘若任由保护区使用这种下过毒的水，每一个西部野鸭猎人，把水鸟划过夜空视为美景天籁的人，都会深刻感受到其后果。这些特别的保护区在西部水鸟保护中占有重要地位，所有候鸟迁徙的路线都在此汇合，所以这里成为了著名的"太平洋航道会合点"。在秋天迁移的季节，数百万只鸭和鹅会从白令海峡海岸往哈德逊湾的栖息地点飞来，在所有往南飞到太平洋各州的水鸟中，这些过境的鸟就占了 3/4。夏天的时候，保护区为水鸟——特别是两种濒危物种红头鸭和棕硬尾鸭提供了栖息地。如果这些保护区的湖泊遭到严重污染，对西部水鸟的伤害，将无法弥补。

水的问题，必须从食物链的角度来考虑。从小至砂尘浮游生物

的绿色细胞、微细的水蚤，到吃浮游生物的鱼，以至吃鱼的其他大鱼，或鸟类、貂类、浣熊等，在无尽的循环里，物质由一生物转移至另一生物。我们知道，水中必要的矿物质，在食物链中是环环相扣的。难道我们以为大家饮水里的毒药，不会进入这种天然的循环中？

加利福尼亚州的清水湖惊人的历史发现中给出了这一答案。清水湖位于旧金山以北90英里的山区中，是一块钓鱼的胜地。清水湖这名字名不符实，因为这座湖的湖底掩盖着一层黑色的软泥，致使湖水相当混浊。不幸的是，对钓鱼者和度假的人们而言，湖水为一种烦人的小蚋虫提供了一个绝佳的繁殖环境。这种小蚋虫和蚊子有些相近，但并不吸血，成虫可能什么都不吃，但是其数量之多让人不堪其扰，人们想尽办法去驱赶都没什么效果。直到20世纪40年代末期，氯化碳氢化合物问世，才有了杀蚋虫的利器——DDD，虽然和DDT很接近，但显然对鱼类的伤害较低。

1949年采取的新措施是经过周密计划的，没有人想到会有什么危害。勘察了湖水情况，测定了水量，以1：7000万的剂量施用杀虫剂。刚开始效果不错，但是到了1954年，不得不再一次进行处理，这次的浓度是1：5000万。当时人们以为蚋虫已经全部灭绝。

接下来的冬天，第一个生物受害的征兆出现：湖面上的北美鹏鹏开始死亡，接着很快又有上百只死掉了。北美鹏鹏被清水湖中繁多的鱼类吸引而来，它们是冬天最早的访客，也在这里繁殖。这种鸟儿外形美丽，习性优雅，在美国西部与加拿大的浅湖上搭建浮巢。人们称它们为"天鹅鹏鹏"，因为它们轻盈地游过水面时，微微泛起涟漪；它们身体沉得低低的，白色的颈部和黑色闪亮的头昂得高高的。新孵出的小鸟全身包裹着细软的灰毛，数小时内便被鸟妈妈带入水中，骑在爸爸妈妈的背上，偎依在它们翅膀的保护中。

1957 年，蚋虫的卷土重来让人们又进行了第三次施药，结果更多的鸊鷉死亡了。正如 1954 年显示的，死鸟的化验中，并没有找到任何传染病的证据。直到有人想到去分析尸体的脂肪组织，这才发现它们含有 DDD，浓度高达 1600ppm。而人们掺入水中的 DDD 最高剂量是 0.02ppm，怎么会在鸊鷉体内累积到这么高的浓度？当然，这些鸟吃的是鱼。于是人们开始分析清水湖的鱼，真相才慢慢凸显出来——最小的生物吸收了 DDD，经过浓缩，继而被更大的动物吃掉。浮游生物体内检测出 5ppm 的 DDD（大约是水中药物最大浓度的 25 倍）；藻食性鱼类体内蓄积约 40—300ppm；肉食鱼类体内贮存了几乎全部的毒素。一种褐色鲶鱼体内毒素浓度竟然高达 2500ppm。这形成一连串的循环——大型肉食动物吃小型肉食动物，小型肉食动物捕食草食动物，草食动物吃浮游生物，浮游生物则从湖水吸收毒药。

后来，又发现更多非比寻常的事。最后一次喷洒杀虫剂后没多久，湖水竟然没有了 DDD 的踪迹，但毒药并未真的消失，而是进入湖水生物的身体中。停用化学药剂 23 个月后，浮游生物仍含有多达 5.3ppm 的 DDD。在近两年的时间中，浮游生物生长了又消失，虽然水中已检测不出毒药，但是湖中生物体内的毒药却在一代代传递。在化学药剂施用一年后，所有鱼类、鸟类和青蛙体内仍然含有 DDD，其含量总是较湖水中原来的浓度高出许多倍。在 DDD 施用九个月后才孵化的鱼，体内带有 DDD，而鸊鷉和加利福尼亚海鸥体

内也累积有超过 2000ppm 的 DDD；同时，来此栖居的鹧鹕数量骤减，从使用杀虫剂前的 1000 对降至 1960 年的 30 对。而且，仅剩的 30 对也只是在白费力气，因为自上一次使用 DDD 后，湖上再也看不到小鹧鹕了。

所以，整个中毒的环链开始于微小的植物，最初的浓缩一定发生在这些植物上。但是，食物链的另一端——对此毫不知情的人类，早已备好渔具，从清水湖中钓了成串的鱼，做成了美味。高剂量的 DDD，食入后会有什么后果？

加利福尼亚州公共卫生局虽然声称 DDD 没有危险，但仍不得不在 1959 年停用。有这么多种科学证据显示此化学物质对生物的毒性，卫生局所采取的措施似乎只是保障了最低的安全。DDD 对生物的作用，似乎和其他杀虫剂不一样，它会破坏肾上腺的外层细胞，而这正是分泌肾上腺皮质激素的部分。自 1984 年发现这种药性以来，人们起初以为只会对狗有作用，因为在动物实验中对其他动物，如猴子、老鼠或兔子并无作用。然而，DDD 在狗身上产生的症状，似乎和爱德逊病人的症状很像。最近的医学研究发现，DDD 果真能强力抑制人类肾上腺皮质的功能。目前，其破坏细胞的功能已在临床上被用来医治一种罕见的肾上腺癌。

清水湖的境况带来一个大众必需面对的问题：为了控制昆虫数量使用对生物有强效作用的药物，特别是将药物直接掺在水中的做法是明智的吗？这是我们所要的吗？纵然使用量极低，也毫无意义，因为正如清水湖所显示的，浓度会透过自然的食物链而急剧增高。然而，清水湖的事件目前是一个层出不穷，且愈演愈烈的典型：为了解决芝麻大的小事，却造成严重的后果。小小的蚋虫问题解决了，却给所有从湖里获取食物或水资源的人们带来一种未知的甚至无法理解的危险。

用药物处理水的做法，已经非常普遍，其目的通常是提高休闲用途，纵使处理过的水需要再花时间、精力和金钱去净化也在所不惜。有个地方的人为了要"改善"一个水库钓鱼的条件，劝服当局丢下一堆药物毒杀不要的鱼，然后再放入适合垂钓者口味的鱼。这种做法就像爱丽丝漫游仙境一样天真、诡异。水库是用来提供大众水源的，但是这地区的人，也许对垂钓者的计划毫不知情，就被迫饮用了残留药物的水，或用税收来处理水质，将毒素去除，而这种毒素处理起来也绝非易事。

如今地表水和地下水都被杀虫剂和其他化学药物所污染，除了毒性外，另一项危险是，致癌药物也同时被带入公众水源中。美国国立癌症中心的休柏医生曾警告说："饮用受污染水源而导致癌症的危险性，将在未来逐日剧增。"

确实，在20世纪50年代初期，荷兰的一项研究结果也显示，水污染可能致癌。饮水取自河流的城市，癌症死亡率比饮水取自不易受污染的水源(如井水)高。确认的致癌物质——砷，已经两次出现于由水污染引发大量癌症的历史事件中。第一次来自矿渣堆，还有一次则来自含砷量极高的天然岩石。这种情形，在大量使用含砷杀虫剂的状况下，很容易再度发生；其毒性会落入土里，由雨水带到河流及水库，以及地下水中。

这里我们再度体会到，自然界没有什么东西是单独存在的。要

想继续深入了解污染是怎么发生的，我们得看看地球的另一个基础资源——土壤。

————⟨❦⟩————

📖 鉴赏与思考

这章详细介绍了化学物质对地球水资源的污染，作者列举了化工厂和清水湖的这两个典型的水污染案例，告诉读者农药是如何随着水系展开，扩散到地面和地下的，为读者提供了真正的"知情权"。

思考▷ 大自然是孤立存在的吗？当人类对大自然释放这些化学物的时候，能保证自己完全不受其毒害吗？

第五章

土壤的王国

名师带你读

　　土壤与生物之间有什么关系？你知道蚯蚓对土壤有哪些贡献吗？化学物质在土壤中会存在多长时间？

　　那一块块覆盖在陆地表面的薄薄的土壤，控制了我们及陆地上每一种动物的生存空间。没有土壤，陆上的植物就无法生长，而没有植物，任何动物都无法生存。

　　然而，正如我们以农业为主的生活倚赖土壤一样，土壤也一样倚赖生物，其起源和性质，都和动植物有密切的关系。土壤是生命起源的一部分，源自远古以前生物和非生物奇妙的相互作用所形成。其组成材料是由火山喷涌而出，流水侵蚀板块的裸露岩层，甚至最硬的花岗岩层，以及岩石被冰霜冻碎所形成的。然后生物慢慢发挥

魔力，将这些没有生命的物质变成土壤。覆盖在岩石上的地衣会释出酸性分泌物，帮助岩石分解，制造出供其他生物寄居的住所；苔藓则紧附在土壤的小孔中，这种土壤是由岩石上崩落的地衣碎片、细小昆虫的外壳，及刚从海洋踏上陆地的原始动物残骸组成的。

生物不但产生土壤，其无比的丰盛与多样性也表现在土壤中——倘非如此，土壤将是无生命的，什么东西都长不出来；正是由于无数的生物有机体的存在和活动，土壤才能给大地披上绿色的外衣。

土壤会不断变化，形成一个无始无终的循环。石块分解，有机物腐化，或氮气和其他气体由雨水带到地面等都成为新的材料，不断地添进土壤中，同时，其他物质也不断被带走，暂借给生物利用。微妙而极重要的化学变化一直在进行，来自空气和水的元素被转换为适合植物吸收的种种形式。所有这些，都是经由生物达成的。

在土壤黑暗的领域里，再也没有比研究其中丰富的生物更令人着迷，但却最为人所忽略的了。对于土壤与各种生物及世界运作的关系，我们知道得太少了。

土壤中最主要的生物是最微小、肉眼看不见的细菌及丝状真菌。它们的数量可以说是个天文数字，一茶匙的表层土壤可能含有数十亿个细菌。虽然它们的体积微小，但一亩地表层一尺的肥沃土壤所含的细菌总重量，可以高达 1000 磅。长有线形菌丝的放射菌，数量没有细菌那么多，不过由于它们比较大，等量土壤中所含放线菌的总重量与细菌差不多。这些菌类，与称为"藻类"的微小绿色细胞一起，组成了土壤中的微型植物世界。

细菌、真菌和藻类是把动植物腐化成矿物质的主要媒介，没有这些微小的植物，化学元素如碳和氮等，将无法进行从土壤和空气转移到活组织的大循环。比如说，没有固氮细菌的作用，植物尽管为含氮的空气所包围，也会因缺氮而死。有些生物会形成二氧化碳，再形成碳酸，有助于溶解岩石。其他土壤中的微生物会进行氧化和还原反应，将铁、锰、硫等矿物质转化成可以供植物吸收的形式。

此外，还有数量繁多的微小虱螨和称为弹尾虫的原始无翅昆虫。它们虽细小，但在分解植物残余、帮助森林地面物质缓缓化成土壤的过程中，扮演很重要的角色。这些微生物的分解合作，巧妙得令人难以置信。例如，有些种类的螨只在枞树针叶落地时才孵化出来。在针叶的遮掩下，它们吃掉针叶里面的组织。等到小螨发育完成时，针叶就只剩下壳而已。每年落叶时节，真正负此重任，将数量庞大的落叶处理掉的，就是土壤和林地里的小昆虫，它们将叶子分解、消化，且将腐化的物质与表层泥土混合起来。

除了这群微小且辛勤工作的生物外，当然还有许多较大的生物；因为土壤供养的生物种类广泛，从细菌到哺乳动物都有，有的永久地生活在黑暗的地下世界；有些在地下的洞穴冬眠或在生命周期的某段时间藏于其中，有些则自由穿梭于潜藏的穴洞和地面的世界。这些生物生活在土壤中，会促进土壤空气的流通，有助排水及水分渗入植物的成长层。

土壤里较大的动物中，最重要的恐怕是蚯蚓了。大约在75年前，查尔斯·达尔文出版了一本书叫作《腐殖土的形成、蚯蚓的作用以及对蚯蚓习性的观察》，首次提到蚯蚓对地质的根本功能，即运送

泥土。借着蚯蚓，每一年地底下的细土被带至地面的数量高达数吨。同时，草和树叶（在 6 月内所含的有机物可多达每平方尺 20 磅）被带入地底下和土壤混合起来，据达尔文估计，蚯蚓的劳作会一寸一寸地加厚土壤，10 年后，土壤厚度会增加一半。除此之外，蚯蚓在泥土中钻来钻去，有助土壤的通气及排水，以及植物根系的伸展。同时，蚯蚓的消化道可以分解有机物，排泄物则使土壤肥沃。

所以，土壤的社会是由一个许多生物交织而成的网形成的，生物之间彼此联系，密不可分。生物倚赖土壤，但是唯有土壤里的生物繁殖，土壤才能成为地球重要的一环。

在这里很少有人关注到的一个问题，那就是当毒性化学物质流到土里，不是直接掺入土中，就是随着雨水从森林、果园和农田的植物叶片上刷洗下来，对土壤里无数非常重要的生物有何影响呢？我们能用各种农药去消灭潜藏在土中对农作物有害的昆虫，而不伤害分解有机物的益虫吗？或者说，使用一种非特殊性杀菌剂不会杀死树根上促进植物从土壤中吸收养分的真菌吗？

像土壤生态学这么重要的一门学问，往往被科学家忽视，而这方面管理人员更是几乎完全将之抛在一旁；对昆虫的化学防治一直建立在这样一种假设上，即土壤会承受任何毒素的攻击，而不会反击。土壤王国的本质属性被完全忽视。

有几个研究已慢慢显出杀虫剂对土壤的影响。这些研究的结果不一，这倒不奇怪，毕竟土壤的种类差异很大，对某一种土质造成损坏的农药，可能对另一种土质全无影响，轻质砂土远比腐殖土容易受害，而几种农药混合的杀伤力又比单一药物来得严重。虽然后果差异很大，但已有足够的证据让科学家忧心。

在某些情况下，生物界重要的化学转换过程会受到影响。例如，使大气中的氮气能为植物使用的硝化作用，便会因为除草剂 2,4-D 的影响而暂时中断。最近在佛罗里达州的几次实验表明，喷洒林丹、七氯、BHC(六氯联苯)和六氯化苯在短短两个星期内可以减少土壤的硝化作用。BHC 和 DDT 在经过一年后仍对土壤具有很大的伤害作用。在另一项实验中，六氯化苯、艾氏剂、林丹、七氯和 DDD 都会阻止固氮细菌豆科植物的根部形成必要的根瘤，阻断真菌和高等植物根部之间的共生关系。

有时，问题是出于大自然中各生物的微妙平衡遭到破坏。如果某些生物被杀虫剂杀死，其他种类的生物数量可能就会大幅增加，因而破坏了捕食者和猎物之间的关系。这种变化很容易改变土壤的代谢活动和生产力。同时，本来生长繁殖受到抑制的有害生物，会逃离环境的控制机制而造成虫灾。

有关杀虫剂对土壤影响的其中一个要素，是它可以长期留存在土壤里，不是以月计算，而是数年。艾氏剂在 4 年后仍能在泥土中找到残余，或者转变为狄氏剂。用来扑杀白蚁的毒杀芬，在经过 10 年后仍然能大量存留于砂土中。BHC 可以存留 11 年之久，七氯起码有 9 年，而氯丹在使用 12 年后，仍存有初始含量的 15%。

看起来剂量似乎算是适量的杀虫剂，经过几年后，可以在泥土中累积到惊人的程度。由于氯化碳氢化合物药力持久，每一次施用都是原来基础上的添加。如果再三喷洒 DDT，那句"一磅 DDT 对一亩地不会有害"的老生常谈是没有意义的。栽种马铃薯的土中发

现每亩含有 15 磅的 DDT，玉米田有 19 磅，在一座蔓越橘的沼泽地中 DDT 含量多到每亩 34.5 磅。苹果园的土壤似乎已达到污染的最高点，其 DDT 累积的速度，和每年喷洒的频率成正比。甚至在同一季喷过三或四遍后，果园的 DDT 残余可以累积到 30—50 磅，若经多年反复喷洒，树与树间的 DDT 毒素是每亩 26—60 磅，树下则高达 113 磅。

　　砷污染就是一个对土壤永久性污染的经典案例。尽管自 20 世纪 40 年代中期以来，砷作为烟草植物喷剂已经被人工有机合成杀虫剂取代，但是，从 1932 年到 1952 年，美国自制的烟草中砷含量已经增加了 300% 以上；近期检验显示，砷含量增加到 600 倍。砷毒专家萨特利博士说，虽然含砷农药已广被有机合成的农药所取代，烟草仍然不断吸取旧有的农药，因为烟草田的土壤现在已被一种量大、非水溶性的砷酸铅的残留物浸透，而砷酸铅将会继续放出可溶性的砷。根据萨特利博士所言，烟草田的大部分土壤，已受到"经年累积下来，几近永久的毒害"。地中海以东的国家，烟农种烟草不用含砷农药，含砷量就未增加。

　　因此，我们又面临着第二个问题：我们不仅要关心土壤的情况，还要了解植物从受污染的土壤中吸收了多少杀虫剂。这在很大程度上取决于土壤和作物的类型，以及杀虫剂的特性和浓度。有机物质含量高的土壤，释出的毒性较低。与其他作物相比，萝卜会吸收更多的杀虫剂。如果使用的化学物是林丹，胡萝卜累积的毒素浓度比土壤中的含量还要高。未来或许有必要在种植作物前，先分析土壤的农药含量。否则，就算不洒农药，农作物光从土壤中吸取农药，就可以吸收到过多的药物量使作物不适合供给市场。

这种污染，已产生无数的问题。至少有一家名牌婴儿食品厂拒购任何曾用过农药的水果或蔬菜。造成最大问题的是六氯化苯（BHC），因其经由植物的根部及块茎吸收，使植物有一种发霉味，容易让人察觉。在加利福尼亚州，从两年前用过六氯化苯的田地生产的甜薯，就因含这种六氯化苯的残余而被上述公司拒绝购买。有一年，该公司和南卡罗莱那州一个农场订立了购买甜薯的合约；后来由于发现有高比例的甜薯受到污染，这家公司不得不改向市场购买，财务上遭受了巨大的损失。此外，在数年间有好几个州的水果和蔬菜惨遭废弃，最严重的当属花生。在南部的好几个州，农民通常轮流耕种花生和棉花，而六氯化苯广为用来喷洒棉花。接下来种植的花生就从土壤吸取了大量的六氯化苯。事实上，只要一点点的六氯化苯残余，就会产生难以去除的霉味。就算加工，也无法把霉味去掉，而且会适得其反。厂商的唯一办法，就是放弃所有在六氯化苯的田地上生产的花生。

有时，农药会直接对农作物造成伤害，只要农药在土壤中存留，这种伤害就会继续。有些农药对较脆弱的作物有害，像豆子、小麦、大麦和黑麦等，妨碍它们根部的发育或抑制苗的成长。在华盛顿和爱达荷州种酒花的农民，就有过这种经验。在1955年春天，许多农民实施一种大规模的计划来去除草莓根部的象鼻虫。这些象鼻虫的幼虫喜欢群集在酒花的根部，在农药工厂的建议下，他们决定采用七氯作为杀虫剂。不到一年，喷过七氯的酒花渐渐枯萎，没喷过的就没问题，使用农药的地区和未使用农药的地区界限分明。农民

于是斥资重新种植，但下一年酒花的根部仍旧枯萎，经过了 4 年，七氯依旧存在，没人知道会持续多久，也不知道用什么方法来改善这种情况。联邦政府的农业局一直到 1959 年才迫于压力，宣布不能用七氯喷洒种酒花的田地。虽然收回了成命，却为时已晚。而那些种植酒花的农民也只能在法庭上寻求一些赔偿。

　　农药至今仍持续被使用，且累积在土壤中的农药几乎无法去除，可以肯定我们正在制造麻烦。1960 年，有一群专家在雪城大学讨论土壤的生态学，结论是——使用像诸如化学药物和放射线等这种"杀伤力强，我们不甚了解的工具"所造成的后果，最后将会"让节肢动物统治世界"。

鉴赏与思考

　　作者在本章详细介绍了土壤与生物的关系，生物死亡后变成土壤，土壤又滋养了生命，这是一种几亿年的相互馈赠。但是化学物质洒进土壤，残杀掉了土壤王国里的许多生物，扰乱了整个生命循环，这不得不让人愤慨，并引发对人类未来的深深忧虑。

　　思考 从化学物质对土壤造成的破坏来看，人类将面临着多大的麻烦？

第六章

地球的绿衣

名师带你读

　　人类是如何对待杂草的？为什么用化学物质铲除杂草之后，动物数量却减少了？化学除草剂真的征服了大自然吗？

　　水、土壤和地球上由植物构成的绿衣，形成供养动植物的世界。虽然现代人很少想到，但若无植物我们就无法生存。植物运用太阳的能量，制造基本的食物供我们享用。但我们对待植物的态度却非常偏狭：如果植物有利用价值，我们就栽种；如果为了某种原因不想要它，或仅对其存在感到无所谓，我们就加以破坏。除了几种对人和家畜有毒或妨碍作物生长的植物外，还有许多植物被人标上"销毁"的标记，仅仅是基于我们偏狭的看法，认为它们生长的时间、地点不对。更有许多的破坏只不过是因为它们刚好和不要的植物长

在一起。

地球上的植物是生命之网的一部分，其中有植物与地球、植物与其他植物，及动、植物间紧密且必要的关系。有时我们毫无选择余地，不得不打断这种关系，但是在行动前必须三思，了解到在其他的时地状况，这种做法可能会导致某些不良的后果。然而，当今如雨后春笋般兴盛的"除草业"，却没有这种人性思维的考虑，在除草药物的生产上，有的只是节节上涨的销售数量和不断扩展的用途。

不经思考、糟蹋自然环境最悲惨的例子，发生在美国西部的山艾树区。当时人们大举清除山艾树，改种牧草——有些实业家实在需要一记当头棒喝，让他们知道一些山林景物的历史和意义，因为这里动人的景物，是由许多元素交织而成的。它就像一本书一页页地呈现在我们眼前，我们读了便可了解为什么这块地是这个样子，为什么我们应该设法维持它的完整性。然而，那些书页却没有人去读。

这片长满山艾树的土地，是美国西部高地群山间的低坡地，在数百万年前落基山脉大隆起时形成的。这里的气候极为恶劣，在漫长的冬天，暴风雪从山上卷来，地面上覆盖着一层厚厚的积雪；夏天则十分炎热，水分稀少，土地干裂，干热的风不断将树叶和树干的水分吹走。

这片景物形成的过程中，必定经历过环境考验的阶段，让植物试着去适应这强风暴雨的山地。在不断的失败之后，终于有一群植物得到进化，得以居留下来。它就是山艾树。这种小的灌木能在山区生长，它灰色的小叶子可以保住水分，不致让风吹去，所以西部广大的平原成为山艾树的天下并非偶然，而是自然界长时间实验的结果。

和植物一样，动物也是一起在这片土地上接受考验而发展出来。其中有两种动物和山艾树一样能完全适应这个环境，一种是奔跑快速而优雅的哺乳动物叉角羚，另一种是被称为"原野的公鸡"的山艾松鸡。

山艾树和松鸡似乎是天生的一对。松鸡的原产地和山艾树的分布完全一致，若山艾树分布区缩小，松鸡的数量就会减少。在原野中，山艾树就是松鸡的一切。低矮的山艾树庇护着松鸡的窝巢及幼雏；稠密的灌木就是它们游荡歇息的地方，同时山艾树又是松鸡的主食。然而，这种关系是双向的，雄鸡在求偶季节会做一种美妙的表演，这种表演能帮助山艾树松动泥土，促进树的生长。

叉角羚也同样适应山艾树的环境。它们是平原上主要的动物，当冬天初雪落下，在山上避暑的羚羊便往山下迁移，而山艾树的树叶便成为它们过冬最好的食物。因为，在冬天其他植物落叶时，山艾树仍保持常青，灰绿色的叶子苦涩、芳香，富含蛋白质、脂肪及矿物质等，紧紧地贴在浓密茂盛的树枝上。尽管冬雪堆积，山艾树顶仍能露出雪面，或者能让叉角羚尖锐的脚蹄够到。在风吹开的地方，或叉角羚扒开冰雪的地方，松鸡也能因此享用到美味又营养的山艾树叶。

倚赖山艾树过活的除了松鸡和叉角羚，还有黑尾鹿和一些草食性的牲畜。譬如，羊群冬天的粮草，几乎全部仰仗山艾树。山艾树

每年有半年的时间作为羊的主食，其能量价值甚至比苜蓿草还高。

于是在这环境恶劣的高地，紫色的山艾树林，矫健的叉角羚，以及松鸡便形成一个完美的平衡。然而在许多范围正迅速增大的区域，人类正企图改变大自然的方式。土地管理局借着改善恶劣气候的名义，土地管理已着手寻求更多草场，以满足牧人无止境的需求。这里的草场，指的是长有牧草，没有山艾树的地方。因此，在这块大自然觉得适合牧草和山艾树共生的土地上，人们要除掉山艾树，让牧草更加繁茂。没有人问过，草场是否是这个地区稳定的、合乎需求的目标。很明显，大自然自己的回答是否定的。在这片很少下雨的地方，每年的降水量不足以供养优质的草皮，只适合供养在山艾树阴下常年生长的丛生禾草。

然而，拔除山艾树的计划已进行了好多年。有好几个政府机构积极参与，工业界也热心加入，大大宣传并积极开发产品的市场，不但包括牧草种子，还有各式各样砍伐、耕耘及播种的机械，喷洒化学药物则是最新投入的战术。目前，每年有数百万英亩生长山艾树的土地受到农药的喷洒。

结果呢？去除山艾树改种牧草的后果还未成定论，深知这片土地习性的人们说，牧草单独种植的生长情况不如在山艾树之间或下面时好，因为失去了山艾树，牧草很难保持水分。

就算这一计划短期内实现了目标，但整个紧密交织的生物网已经被撕裂。叉角羚和松鸡将与山艾树一起消失；黑尾鹿同样受害，而这片土地会更加贫瘠。因为它所拥有的野生动物遭到了毁灭。本来应该受益的牲畜也不例外；纵使有夏天丰盛的绿草，当严冬来临，山艾树及其他野生植物已经消失，风雪中的羊群只能忍饥挨饿。

这些是显而易见的后果。另一个后果，是瞄准大自然的那杆喷药枪：喷洒的农药消灭了目标，但同时也消灭掉了许多其他的植物。道格拉斯法官在新书《我的荒野：卡达丁之东》中，谈到一个可怕的例子——美国林务局在怀俄明州布里杰国家森林公园里干了一件破坏生态的骇人听闻的事。林务局受到牧牛业者的压力，喷药去除了数万英亩的山艾树林。同时，碧绿、生气盎然，在蜿蜒的溪流沿岸生长的柳树，也和山艾树一样被消灭。柳林中曾有过麋鹿群居，因为柳树之于麋鹿，一如山艾树之于叉角羚；水獭也是以柳树为食，并利用柳树做成坚固的水闸，久而久之形成湖泊。鳟鱼在山间小溪难得超过六英寸长，在这样的湖中却可以长到五磅重。此外，水鸟也被吸引而来。光靠柳树和水獭就使这一区成为钓鱼和打猎的度假胜地。

但是由于林务局施行的"改良"措施，柳树落得和山艾树一样的下场，被同一种农药消灭得干干净净。1959年，道格拉斯法官来到当地，也就是农药喷洒的那一年，他对枯萎垂死的柳树大吃一惊。麋鹿会遭到什么样的命运？水獭和它们所造的小世界呢？一年后他再回到这里发现：麋鹿和水獭都不见了，水獭的水坝也不见了，因为没有"建筑师"的照顾，湖水也已干涸。大鳟鱼无一幸存，仅存的只是一条小溪，其流经之处尽是裸露的赤热大地，看不到一株遮阳的树木，溪流中也没有任何生物，这里的生态系统遭到了毁灭性的破坏。

每年有400万英亩以上的牧地受到农药的喷洒。除此之外，其

他类型的大片农田也为了控制杂草，直接或间接地受到了化学污染。

例如：有一片比整个新英格兰区还大的 5000 多万英亩地，是由几个公共事业公司所管理，为了防治杂草，正在进行例行的除草处理。在美国西南部一块约 7500 万英亩的豆科种植地，最常用的控制杂草的方法就是喷洒农药。有一块非常大的木材生产地，现在都从空中喷洒农药，以去除耐药性比针叶树还弱的阔叶树。用除草剂处理过的农地面积，从 1949 年以来，施用除草剂的农田范围增加了一倍，到 1959 年已经累计有 5300 万英亩。而农药喷洒过的私有草坪、公园，及高尔夫球场的总面积，已经达到天文数字。

除草的化学药剂是一种崭新的"工具"，效用惊人，给使用者以为可以控制自然的假象；但是，这种长期而不太明显的影响很容易被当作是悲观主义者的杞人忧天而遭到忽略。所谓的"农业技师"热情洋溢地鼓吹"化学耕耘"，鼓励农民用喷药枪取代犁头。成千上万的村民们，对农药推销员以及承包商言听计从，只要出个价，承包商就会把路边的野草除掉。他们吹嘘说，这要比割草便宜。或许，在官方记录上整齐排列的数字看起来是这样，但若把真正花费算入，不仅是金钱上的耗费，还包括我们现在所能想到的种种，如化学药品的宣传、对景物不可估量的破坏，以及原先那些景物所能得到的利益，则花费要大得多。

比如说：全国每一地区的观光局引以为傲的收入来源——游客。有越来越多的游客抗议，曾经美丽的路边风景遭到化学药品喷洒的破坏，使羊齿类植物、野花、开满花朵或结满莓子的灌木丛，被一片焦黄的残花败叶所取代。"我们把路道旁弄成一副肮脏、焦黄、枯槁的样子，"一位新英格兰的妇女愤怒地向报纸投稿说，"我们花那么多钱宣传风景的美丽，却让游客看到这种景象。"

在 1960 年夏天，环境保护人士从各州聚集在一个平静的缅因小岛，亲眼目睹小岛的主人宾汉向国家奥杜邦学会（美国历史悠久且组织较大的栖地保育团体，以鸟类等野生生物为重点。前述的小岛从 1936 年起成为奥杜邦的环境教育基地。）提出报告。当天的重点是对自然景物的维护，以及从微生物到人类之间错综复杂的生命网的保护。但到场访客都很愤慨地谈论着沿途看到的景物被蹂躏的景象。以前通到常青树林的道路是多么令人心旷神怡，沿路长满了月桂、香蕨木、赤杨和越橘，而现在放眼看去一片荒芜。其中一位人士对这次缅因岛之行记述道："岛上，路边景致的破坏让我很生气。几年前，公路两旁长满野花和可爱的灌木，现在放眼尽是死木的残骸……就经济观点来看，缅因州经得起观光事业的衰败吗？"

这种为消灭路边矮树而做的愚蠢行为，全国都在进行，缅因州只是其中一个例子罢了，让我们这些深爱缅因州美景的人，更觉得悲哀。康涅狄克州植物园的植物学家疾呼道：灭绝美丽的本土灌木与野花，已发展成一个"路旁危机"。杜鹃花、山月桂、越橘、荚迷、山茱萸、杨梅子、凤尾、扶移、冬青、野樱及野梅都因化学药物的摧残而奄奄一息，而使风景幽雅怡人的雏菊、黑眼苏珊花、安妮女王花、秋麒麟草以及秋紫菀也遭到同样的命运。

化学药物的喷洒不但计划不当，且经常遭到滥用。新英格兰南部一个小镇有个承包商，在工作做完后剩下一些化学药品，就倒在路边禁止喷洒药物的林地上。结果这个小镇失去了在秋天绽放碧蓝

和金黄美景的道路，可惜了那些曾经让人远道而来欣赏的紫苑和秋麒麟。在另一个新英格兰小镇，有个承包商擅自更改州政府的规定，未经公路管理局许可，便把农药喷洒到 8 英尺的高度，而规定的最高高度为 4 英尺，结果留下一大片凋零破败的景象。

　　在马萨诸塞州一个小镇，有位市府官员禁不住推销员鼓吹，买了一批除草剂，却不知道里面含有砷；结果让路边 12 只牛中毒而死。

　　1957 年，沃特福德镇在道路两旁施用除草剂，结果导致康涅狄克州植物园自然区的树木严重受损。大型的树木虽未直接受到喷洒，但也受到影响。当时，正值春天草木丰盛的季节，橡树的叶子却开始萎缩变黄，而新枝以不正常的速度往上直冒，看起来像垂柳一样。半年以后，橡树的大枝干全部死掉，而小枝干变成了光秃秃的，整片树林变成一副扭曲、垂死的景象。

　　我知道有一条路，大自然沿着路边种了一整排赤杨、荚迷、凤尾及杜松，四季有明艳的花朵交替开放，在秋天更是硕果累累。道路交通流量不大，急转弯或有树木挡住视线的交叉路口也很少。然而，喷洒药物的接管这条路后，人们再也不会留恋这几英里的道路，而选择快速通过。他们只能忍受着这样的景象，心里懊恼后悔着：怎么让技术人员制造了一个如此贫瘠而丑陋的世界。但有些地方却成为当局的漏网之鱼，偶尔留下的一片绿洲，它与遭到破坏的景象形成了鲜明的对比，让人更加难以忍受。

　　我的情绪，在见到飘浮的白丁香，紫云般的野豌豆花，或火焰般怒放的木百合时就会高昂起来。但是对那些以销售或施用化学药品为生的人来说，这些植物都是"杂草"。控制杂草的机构现在已经很常见，我在这类杂草控制机构的会议记录中看到一段奇怪的除草哲理。作者为除草辩护道："那些杂草没有用处。"他认为抱怨路边野花遭到铲除的人，和反对活体解剖的人没什么两样："从他们的行为来看，野狗的生命对他们而言比小孩的性命重要。"

对这篇文章的作者来说，我们毫无疑问都有这种个性严重偏颇的嫌疑，路边好似火烧过一样，灌木丛变成了灰色，而且极其脆弱，曾经高昂着花朵的蕨木如今枯萎地耷拉着，我们不喜欢这样的景象，而更偏爱野豌豆花、白丁香和百合花。我们竟然能够忍受这些"杂草"，而不为清除它们感到高兴，也没有因为人类再一次战胜邪恶的自然而狂喜，真是够懦弱的。

道格拉斯法官说：他曾参加过一个联邦政府农业人员的会议，讨论我在本章前面提到人民抗议喷药消除山艾树的事。有个老太太反对的原因是，野花也会被除掉，对此那些人觉得很可笑。"不过，她采花的权利，岂不是像牧人割草或樵夫砍树一样不可剥夺吗？"这位富有人道又深有见解的法学家就对他们说："山野在美学上的价值，就像丘陵中的铜矿、金矿和山中的森林，都是大自然的资产。"

当然，想要保存路旁的植物，为的不只是美学上的考虑。在大自然的规划下，天然植物有其重要地位。没着乡间小径及田间生长的树篱，不仅为鸟类提供食物、庇护与筑巢的地方，也是小动物的家园；在东部各州，路边典型的七十几种灌木及蔓藤植物中，大约有 65 种对野生动物非常重要。

这些植物同时也是野蜂与其他采花粉的昆虫居住的地方。人类依赖这些授粉昆虫的程度，是一般人料想不到的。甚至农夫自己也

不了解野生植物得仰赖昆虫授粉。为农作物授粉的野蜂有数百种，光是为豆科植物授粉的就有一百种。在未开垦的地区，如果没有昆虫授粉，大部分保持土壤及供给土壤养分的植物就会死掉，对整个地区的生态便会产生重大影响。许多牧场或森林中的野草、灌木及树木的繁殖，也都仰赖昆虫传粉；没有这些植物，野生动物和牧场家畜就没食物可吃。目前，在耕地使用杀虫剂以及除草剂，正在消灭这些传授花粉的昆虫的最后的庇护，同时也斩断了生物之间互相维系的生命之链。

这些昆虫对我们的农业和风景是这么重要，值得我们呵护，而不是无情地破坏它们生存的环境。蜜蜂和野蜂深深倚赖"野草"如秋麒麟、芥子及蒲公英等的花粉，作为小蜂的食物。在豆科植物开花前，野豌豆是蜂类春季的主食，帮它们度过整个季节，好准备为豆科植物传授花粉。在秋天没有其他食物时，它们需要秋麒麟来准备过冬。循着大自然微妙的时间表，在柳树花开的那一天，一种野蜂就会出现。知道这种情形的人不少，但是那些下令用化学药物大规模喷洒的人却不知道。

那么，了解保护生态的价值、维护野生生物的人，又在哪里呢？这些人中，有很多人以为除草剂毒性没有杀虫剂那么强，对野生生物"无害"而为其辩护。然而，在除草剂如雨点般降落在森林、农田、沼泽和牧场时，野生生物的居住环境也受到了显著的变化，甚至永久的破坏。摧毁野生生物的家和食物，就长远来看，恐怕比直接杀害野生生物更糟糕。

对路旁和公路进行的全面化学攻击体现了双重的讽刺。这种措施使得计划解决的问题留存下来。因为已经有经验表明，地毯式的喷用除草剂并没有永久性地控制路边的灌丛，因此每年都需再三喷洒，形成恶性循环。更为讽刺的是，尽管可以采取更加妥善的选择性喷洒方法，实现长期的植被控制，避免在大部分植物上重复喷洒，但是我们还是一意孤行。

控制路边花木的目的，并不是要清除野草外的所有植物，而是要去除那些阻挡视线或干扰电线的植物。这种植物通常是树木，因为大部分灌木都很矮，不会造成阻碍，羊齿类及野花当然也一样。

选择性喷洒是弗兰克·艾戈勒博士提出来的，当时他是美国自然博物馆灌木控制建议组的组长。这种方法是利用大自然维持稳定的特质，即大部分矮灌木生长区不易为树木所取代。比较起来，草地就比较容易被树苗占领。选择性喷洒的目的，并不是要让路边成为草地，而是去除高大的乔木，但保留其他种类的植物。如此一来，喷洒一次就够了，就算抗药性较强的品种，也许只须再喷一次。之后，矮灌木就会接管整个地区，使大树无法再长。最好最便宜的植物管制办法，不是化学药品，而是用植物来克植物。

这种方法已在美国东部几个地区试验过，结果显示，只要处理得当，让植物生长稳定下来，那么"20年内可以不再需要喷洒药物"。喷洒时通常可用背包式喷射器，由人徒步喷药，因此对药品喷洒范围有充分的控制。有时候也可以在卡车底盘上放置压缩泵和喷嘴，但是绝不会有地毯式的喷药，而是直接针对必须去除的树木及长得特别高的灌木。如此环境的完整性得以保持，有重大价值的野生生物栖息地不致受损，而美丽的灌木、羊齿植物

及野花也不致被牺牲掉。

这种选择性喷洒的管理方式，已在几个地方开始实施，然而大部分地区仍是积习难改，地毯式喷洒依旧盛行，每年给纳税人带来庞大的负担，也对生物的生命之网造成伤害。之所以如此，当然是因为没有人知道真相。如果纳税人了解在道路上喷洒药剂的资金只需一代人一次，而不是一年一次，他们肯定会抗议，要求做出改变。

选择性喷洒有许多优点，其中一个就是减少喷药的量。化学药品不是广泛喷洒，而是集中在树木基部，所以可以把它对野生生物的伤害减到最小。

最常用的除草剂是 2,4－D 与 2,4,5－T 及相关的药品。这些药品是否有毒，仍有争议，在自家草坪上使用 2,4－D 的人们接触到药剂后，有的会得严重的神经炎，甚至瘫痪。虽然并不是很常见，但医学界人士建议使用时最好小心一点。其他不是很明显的后遗症，也与 2,4－D 有关。有人曾做实验显示，2,4－D 会阻碍细胞呼吸作用的基本生理程序，并像 X 射线一样会损害染色体。近来更有人发现，2,4－D 和其他除草剂，即使用比致死量低很多的剂量，便能伤害鸟类的繁殖能力。

除草剂除了直接的毒害外，还有间接的后果。有人发现野生的草食动物及家畜，有时会被喷过药的植物所吸引，纵使那不是它们的食物；假使所用的除草剂毒性很强，如含砷药物，那么这种吸引力将会产生致命的后果。此外，就算所用的药物毒性不高，但是如果植物本身有毒，或者带有芒刺，也会导致同样的结果。例如，有毒的牧场杂草在喷药之后，会突然间大受牲畜的喜爱；很多动物便因这种不正常的食欲而被毒死。兽医学的文献当中，就有许多类似的例子，如猪吃了喷过药的牛蒡草便得重病，小羊吃了喷过药的蓟，或蜜蜂沾了开花后才喷药的芥子花，都同样中毒。野樱桃的叶子具有剧毒，不过在喷过 2,4－D 之后，对牛群会有致命的吸引力。因喷药而凋萎的植物也是如此。另一个例子是狗舌草；家畜通常不吃这种植物，除非在冬季没其他东西吃的时候。然而，经过 2,4－D 喷洒之后，狗舌草却大受动物的喜爱。

这种怪异行为，显然是因为化学药物改变了植物本身的代谢，使植物糖分大为提高，而吸引动物前来食用。

2,4－D 另一个奇怪的影响就是对家畜、野生生物甚至人类，都有重大影响。10 年前有一项实验显示，喷药之后，玉米和甜菜的硝酸盐成分突然增加；在高粱、向日葵、紫鸭跖草、藜和细叶蓼上也可能有同样的情形。牛群通常是不爱吃这些草的，但喷过 2,4－D 后，它们就吃得津津有味。据农业专家表示：有些牛的死亡可能是吃了喷过药的杂草，其危险性在于硝酸盐成分一增高，对反刍动物独特的生理便会构成严重的威胁。这类动物的消化系统特别复杂，它们的胃分为 4 个腔室。纤维素的消化是在其中一室由一种叫瘤胃细菌的微生物所完成。当动物吃进硝酸盐含量高的植物后，瘤胃细菌便将硝酸盐转变为毒性很高的亚硝酸盐。之后，便产生一系列的连锁反应，亚硝酸盐使血色素形成一种暗棕色物质，牢牢地把氧分子吸住，而不能用于呼吸作用，因此氧分子无法从肺部进到身体组织。一旦缺氧数小时，动物就会死亡。动物因吃了处理过 2,4－D 的杂草而死的案例有许多，在此均有合理的解释。属于反刍动物的野生

动物，也有同样的危险，诸如鹿、羚羊、绵羊及山羊等。

虽然引起硝酸盐成分增加的因素很多（像特别干燥的天气），但销售额及使用量不断上升的 2,4－D 所产生的后果，也不容忽视。威斯康辛大学农业实验所意识到了事态的严重性，立刻在 1957 年提出警告："被 2,4－D 消灭的植物可能有高含量的硝酸盐。"不仅危害人类和动物，也有助于解释近来不断发生的神秘"粮仓死亡"事件。含大量硝酸盐的玉米、燕麦或高粱储藏在地下室时，会放出有毒的氧化氮气，对进入地下室的人构成致命危害。只要吸几口这种毒气便会引起化学性肺炎。明尼苏达大学医学院曾对这种病例做过一系列的研究，其中只有一个人幸免一死。

我们就是这样使用杀虫剂，一位具有远见卓识的荷兰科学家白吉尔博士总结道："我们在自然界行走，就像大象在摆满瓷器的橱子里走路一样。依我的看法，我们把太多事情视为理所当然。农作物中的杂草不一定有害，也许其中一些是有益的。"

很少有人问过，杂草和土壤有怎么样的关系？即使从人类自身的直接利益考虑，它们的关系也是有价值的。就像我们所知道的，土壤与其中的生物是一种休戚与共、互惠互利的关系。也许野草从土壤中汲取营养，同时也会给土壤某些养分。荷兰一个城市公园，就是个活生生的例子。那里玫瑰本来长得很不好，土壤样本显示里面有线虫；荷兰植物保护局的科学家不愿采用化学药物的方式进行处理，于是建议在玫瑰之间种植金盏草。对玫瑰园有洁癖的人，一定会认定这种草是野草，但金盏草的根部会释放一种能杀死线虫的分泌物。这一建议获得采纳，为了做个对比，人们在一片玫瑰花园中种上金盏草，另一部分不种。结果差距悬殊。种有金盏草的玫瑰花长得很茂盛，不种金盏草的那一片玫瑰花都病恹恹地耷拉着。如今，很多地方都用金盏草来对付线虫。

同样，其他被我们残忍地灭除的植物，也许对土壤发挥着必不可少的作用，只是我们不知道而已。天然植物能指示土壤的状况，但它们现在几乎都被冠上"杂草"之名。成了新的防治目标，整个循环又重新开始。这种怪象已经在最近的一期关于农作物问题的杂志上得到证实："由于大家普遍用 2,4－D 来清除阔叶植物，导致其他杂草愈长愈茂盛，渐渐影响玉米和大豆的生产。"

豕草是枯草热的病源，也是一个防治不利、反受其害的实例。有一个地方为了消灭豕草，在路边喷洒过好几千加仑的化学药品。不幸的是，地毯式喷洒反而使更多豕草长出来。原来豕草是一年生植物，幼苗在每一年都需要广大空间才能成长。因此，最好的办法是保持浓密的灌木、羊齿植物及其他多年生植物，使豕草无处容身。但是药物喷洒往往除掉那些有保护作用的植物，形成了开阔空旷的地区，被豕草迅速填满。此外，空气中豕草的花粉含量可能不是来自路边，而是从市镇空地或休耕地飘来的。

用来清除马唐草的化学药品，越来越畅销，这也是方法不当却大受欢迎的实例。要清除马唐草，有比年复一年喷洒药物更好更便宜的方法，也就是种另一种青草与它竞争，使它无法生存。马唐草只有在有问题的草坪上才会生长，这是它的特性，而不是一种病症。如果用肥沃的泥土，给培植的青草一个良好的生长环境，马唐草就不会生长，因为只有在开阔的空间它的种子才能发芽。

住在郊区的人，接受树苗商的建议，而后者又接受化学公司的建议，结果每年用在清除草坪上的马唐草的化学药品量大得惊人，但却不从根本的问题着手。从商标看不出这些化学药品的性质，但其中往往含有汞、砷、氯丹等毒素。按使用说明的剂量来喷洒的话，草坪上就会留有相当多的化学物质。例如：如果按某产品的标示使用，就等于1英亩地用上60磅的氯丹。如果用另一种产品，就是每英亩地用上175磅的金属砷。我们在第八章将会讨论到，鸟类因这些药物而死亡的数量很令人忧心。至于这些草地对人类有无致命的危险，没有人知道。

在路边和公路选择性喷药的成功为健全的生态防治提供了希望，因为它可以应用于其他植被计划，如：农场、森林、牧场。这种方法的目的不是毁灭某一种植物，而是将整个植被当作一个社区来管理。

另外，运用生物学来防治不要的植物生长，已有辉煌的成绩。大自然曾见过我们现在有的问题，而她也用自己有效的方法去解决。如果人类能聪明到去观察、模仿大自然，通常也能成功。

加利福尼亚州在处理克拉玛斯杂草的方法上，为防治植物提供了一个出色的案例。这种草又叫作"山羊草"，来自欧洲，在那里叫作"圣琼史瓦草"，是由西迁的移民带来的，1793年出现在宾夕法尼亚州兰开斯特市附近。到了1900年已经蔓延到了加利福尼亚州克拉玛斯河附近，因此当地的人称之为克拉玛斯草。到1929年，它已经占据了约10万英亩的牧地；到了1925年，已侵占了250多万英亩地。克拉玛斯草和土生土长的山艾树不一样，对当地的生态毫无用处，也不被任何动物或植物所需要。相反地，家畜吃了这种有毒植物，就会变得脏脏的，嘴里长疮，一副要死不活的样子，所以这里的土地价值也跟着降低了。

然而，在欧洲，克拉玛斯草或圣琼史瓦草并不成问题，因为有一些昆虫以它为食，这就大大限制了它的扩展。特别是法国南部有两种甲虫，和豆子一般大小，金属色，非常倚赖克拉玛斯草，甚至只以克拉玛斯草为食，并且依靠它进行繁殖。

在 1944 年，有人率先把这种甲虫引进美国，这可说是历史上的重大事件，因为是北美第一次运用吃植物的昆虫来防治植物。到 1948 年，两种甲虫都适应得很好，不需要再从欧洲引进来。散播甲虫的方法是，先从产地收集甲虫，然后以每年数百万只的速度分配到其他地区。在范围小的地方，甲虫会自行扩散，只要克拉玛斯草一死，就立刻移往另一个地方；这时人们需要的牧草就会长回来，不再受克拉玛斯草的压迫。

根据 1959 年所做的 10 年追踪调查显示，防治克拉玛斯草的方法"比热心推广人士所希望得更有效"，其数量减至原先的 1%。这一点点的克拉玛斯草并没有什么害处，而且还是维持甲虫数量所必须的，以备日后克拉玛斯草再度繁衍之用。

另一个效果辉煌、花费不高的杂草防治实例，发生在澳洲。前往殖民地的人，通常都喜欢带植物或动物到新的地方。1787 年，有一个名叫阿瑟·菲利浦的船长，就带了几种仙人掌到澳洲，目的是用来培养胭脂虫做染料。到了 1925 年，约有 20 种仙人掌在野地中出现。由于大自然在澳洲没有控制仙人掌的办法，它们蔓延得很快，最后占据了大约 6000 万英亩的土地，其中有一半的土地因为仙人

掌长得太过浓密毫无用处。

1920 年，澳洲的昆虫学家被派到南、北美洲去研究仙人掌在天然生长地的天敌。经过对几种昆虫的反复试验，他们于 1930 年把 30 亿颗阿根廷飞蛾卵带回澳大利亚。7 年之后，最后一片仙人掌林终于瓦解。曾被视为不适合居住的地方，已开放供人居住和放牧，整个计划的成本大概是 1 英亩不到 1 便士。相反，最初进行的不尽如人意的化学控制的花费则是每英亩 10 英镑。

从这两个例子可以看出，管制不要的植物最有效的办法，是多利用吃植物的昆虫。这些昆虫可能是所有食草动物中最挑剔的，它们极其严格的饮食很容易为人类做贡献，但是牧场管理人员常常看不上这种办法。

鉴赏与思考

地球上的植物是生命之网的一个组成部分，但是为了消灭那些碍眼的杂草，人类在实验室里也发明了各种各样的化学除草剂。作者在本章详细列举了人类为消灭山艾树对叉角羚羊造成的损害，并用大量数据和在美国各地发生的事实性事件，提醒人们，化学除草剂对人类造成的不可逆转的恶劣影响。

思考 真的没有人懂得植物对保护野生生物的价值吗？除了反复喷药来控制植物，再也没有别的办法了？

第七章

不必要的破坏

名师带你读

　　杀虫剂造成的损失可以忽略不计吗？你知道那些接触杀虫剂的人最后都怎么样了吗？人们为了消灭日本金龟子，做了哪些有利的尝试？

　　随着人类不断朝征服自然的目标迈进，同时也写下了一段破坏大自然，令人忧心忡忡的记录。我们不但破坏所居住的地球，也破坏和我们同住地球的生物。近几百年的历史中，已有一些黑暗的记述：西部平原的野牛大屠杀、鸟贩屠杀水鸟，以及几乎绝种的白鹭。目前，在这些记录上，我们又添上新的记录，一种新的破坏——将化学性杀虫剂毫无选择性地喷洒在地上，直接杀害鸟类、哺乳类、

鱼类，以及所有的野生生物。

目前导引所有生物命运的，是手握喷雾枪的人。在他们执行扑灭昆虫的任务时，偶然的牺牲不算什么；如果知更鸟、野鸡、浣熊甚至像猫这样的家畜动物，正好和所要消灭的昆虫住在一起，那么它们也会跟着被杀虫剂毒死，不会有人提出抗议。

如今，希望对野生动物受害问题有一个公正判断的公民正处于两难的境地。环保人士和很多野生动物专家断言伤害很严重，有时甚至是灾难性的，但是昆虫防治机构却断然否认有这种事情，就算有也不重要。我们应该接受哪一种意见？

目睹现况者本身的可信度最为重要。在现场亲自调查的专业野生生物学家当然是最有资格发现生物伤亡并剖析原因的人。昆虫学家在这方面的专业训练有所不足，而且也不是那么容易看到自己昆虫防治计划的副作用。然而，坚决否认生物学家的报告，宣称无证据显示野生生物受到伤害的都是州政府与联邦政府等握有大权的人；当然，还有化学药品的厂商，就像《圣经》故事中的牧师与利未人一样，他们选择无视。我们可以把他们这种漠不关心解释为缺乏远见卓识，但这并不意味着我们会承认这些有利害关系的人有作证的资格。

作出判断的最佳方式是参考主要的控制计划，向熟悉野生动物并对化学品持公正态度的观察者请教，他们以客观、不偏向化学药品的态度，看看毒素从天空降至野生生物世界后发生了什么事。

对赏鸟的人，或住在郊区、喜欢鸟在花园里飞翔的人、猎人、渔夫，以及从事野外探险的人来说，任何破坏野生生物的行为，就算只是一年，就剥夺了他们享乐的权利。这是个名正言顺的观点。即使有时在喷洒药物后，有的鸟类、哺乳类和鱼类的数量可以恢复起来，但是真正的巨大危害已经形成。

然而，这样的复苏不大可能发生。药物通常会重复喷洒，野生生物族群能逐渐复苏的机会并不多。最常发生的结果是环境受到污染，形成一个致命的陷阱，不只危害当地的野生生物，还有那些随季节迁移的动物也会遭殃。喷洒的范围愈大，伤害就愈大，因为安全的绿洲已经不复存在。在这几年里，到处充斥着昆虫防治计划，喷洒的范围动辄数千或数百万英亩，同时私人或小区喷洒药物的分量也逐年在增加，这就会导致野生生物栖息区和伤亡数一直呈递增的趋势。让我们看看几个昆虫防治计划，瞧瞧发生了什么事。

在 1959 年秋天，密歇根州的东南部，包括底特律附近几个郊区，有近 27000 英亩的土地是在空中进行药物喷洒的，而所喷洒的是氯化碳氢化合物中最危险的艾氏剂。执行这一计划的是密歇根州农业局，并有美国农业局的协助，目的是要控制日本甲虫。然而，这种规模浩大又危险的计划，一点也不必要；相反地，密歇根州最著名、知识最丰富的自然学家瓦特·尼克尔，以他每年夏天在密歇根州南部从事田野研究的经验，提出："三十多年来，就我所知，一直都有少量的日本甲虫出现在底特律，它们的数量在这段时间并未增加多少。除了政府在底特律设陷阱捕到的几只外，我（在 1959 年）还未看到一只……所有事情都在秘密地进行，我没有得到甲虫数量增加的任何信息。"

州政府公布的消息中，仅指出日本甲虫已"出现"在指定要实施喷洒的地区。尽管没有很好的理由，计划还是实行了，由州政府出人力并监督整个计划的执行，联邦政府出装备及额外的人手，各小区则负责杀虫剂的费用。

1928 年，人们在新泽西州首先发现了日本甲虫，当时有人在利华顿附近一家苗圃看到几只闪着绿金属亮光的甲虫。起初没有人知道是什么昆虫，后来经鉴定才知道它是日本岛上栖息的普通生物。它们显然是在 1912 年限制条例颁布前，随着树苗引进而被带入美国的。

日本甲虫已从最初进入美国的地点，逐渐散布于密西西比河东部好几个州，因为这些地方的温度和雨量都很适合甲虫生存。这些甲虫通常会逐年不断往外扩展。在东部最早有日本甲虫的几个州，就曾企图以天然方式来防治，而据记录显示，甲虫数量也一直都控制在较低的水平。

东部各州虽有这种相当不错的防治记录，处于日本甲虫范围边缘的中西部各州，却已发动攻击，规模就像是在对付死敌，大肆喷洒，使广大民众、家畜及所有的野生生物都蒙受其害。结果，这些日本甲虫防治计划对该地生物造成惊人的伤害。在密歇根、肯塔基、爱荷华、印地安纳、伊利诺及密苏里等州，都在防治甲虫的名义下，蒙受化学雨的侵袭。

密歇根州的喷洒计划，是针对日本甲虫的第一次大规模空中打击。之所以选用最致命的艾氏剂，并非因为对日本甲虫最有效，而只是为了省钱——艾氏剂是市场中最便宜的化学农药。虽然在州政府发布给新闻媒体的官方文件中承认艾氏剂是"毒药"，但也暗示在人口密度高的地区喷洒艾氏剂对人不会有害。据当地报纸报道，联邦航空处有位官员说："这计划很安全。"底特律公园与休闲区管理局有位代表也保证说："喷雾对人无害，也不会伤害植物或宠物。"可以想见，这些官员没有一个曾参考过已出版且容易取得的资料，包括美国公共卫生局、鱼类与野生生物管理局的报告，以及其他揭示艾氏剂有剧毒的证据。

根据密歇根州虫害防治法的规定，州政府不需要告知个人，也不需要得到市民的许可，就可以就地喷洒农药。因此小飞机开始在底特律上空作业。紧接着，市政府及联邦航空局马上就接到了市民打来的电话。在一个小时接到 800 通电话之后，警察局不得不让广播电台、电视台及报社发布报道：告诉大家他们看到的是什么？并告诉他们那是安全的。这是底特律日报的报道，联邦航空局的安全官员还向大众保证说："飞机都受到严格的监督"，以及"飞机低空飞行是受到许可的"。为了平息人们的惊恐，他却错误地表示补充说飞机装有紧急阀门，可以立即卸掉全部药物。遗憾的是，飞机并没有这么做，而是正常作业，把杀虫剂抛在日本甲虫与人类身上。"无害"的毒药，如雨点般降落在出门购物或上班的人，以及从学校出来吃午饭的小孩身上。家庭主妇忙着打扫门廊和走道上的小颗粒，"看起来像雪一样"。据后来密歇根奥杜邦协会指出："这种艾氏剂与黏土构成的白色颗粒，如针头一般大小，有数百万的数量落在了屋顶瓦沟间、屋檐的引水槽内、树皮和树枝的裂缝中……如果下雪或下雨，每一堆粉粒都会成为致命的毒药。"

　　喷洒之后没几天，底特律奥杜邦协会开始接到有关鸟类死亡的电话。据协会的秘书安妮·博伊斯女士讲："人们担心药物喷洒的迹象，最先是由一通电话显示出来。这通电话是一位妇女在星期天早上打来的，她说从教堂回家的路上，看到了许多已经死掉或奄奄一息的鸟，这令她担心。这个地区是在星期四实施喷洒的，现在已经看不见飞鸟，而且她在后院发现一堆死鸟，而她的邻居也发现些许多松鼠莫名死掉了。那天博伊斯女士还接到其他电话说："有许许多多的死鸟，看不到一只活的……家里有喂鸟槽的人说，没有鸟来吃槽里的鸟食。"人们把濒临死亡的鸟捡来观察，发现它们都有典型的杀虫剂中毒的症状——颤抖、无力飞翔、瘫痪和痉挛。

　　染上疾病的不仅仅是鸟类，当地有位兽医说，许多人把突然生病的猫、狗带来给他看，特别爱清理皮毛、舔舐脚爪的猫，似乎受害最重。它们都有严重腹泻、呕吐以及痉挛的症状。兽医唯一能给主人的忠告，就是不到万不得已不要让动物出去，或者它们从外面回来要立刻清洗它们的脚。（然而氯化碳氢化合物用水是洗不掉的，甚至蔬果也是一样，所以清洗并没什么预防作用。）各县市的卫生官员一直坚持，鸟儿死亡必然是别的原因，而在接触到艾氏剂之后感到喉咙和胸部不舒服，必然是其他原因所导致的。尽管如此，各地区的卫生局仍然接到源源不断的申诉。底特律一位著名的内科医生看过 4 个病人，这 4 个人是在观看飞机实施喷洒后不到一个小时就发病了，他们都出现了呕吐、发冷、发热、极度疲倦，以及咳嗽的症状。

　　曾用化学药物扑灭日本甲虫的其他地区，也都有发生了和底特律一样的情形。在伊利诺伊州蓝岛市，有几百只鸟不是死了就是气息奄奄。数据显示，有80％的鸟被牺牲掉。1959年，在伊利诺伊州的佐利，曾用七氯喷洒过2000多亩土地。据当地猎手俱乐部报告，这片土地的鸟"被消灭得一干二净"，兔子、麝香鼠及鱼类也死了不少，有一所学校的科学研究计划，就是收集被杀虫剂毒死的鸟。

可能没有地方比伊利诺伊东部的谢尔顿市和相邻的易洛魁县地区的遭遇更惨，因为这些地方根本不存在甲虫。1954年，美国农业部和伊利诺伊州农业部开始清除即将入侵伊利诺伊的日本甲虫，希望并保证高密度的喷药会消灭所有入侵的昆虫。这一年第一次实施"扑灭"计划，是从空中将狄氏剂喷洒在1400英亩的土地上。1955年，他们又用类似方法喷洒了2600英亩地。人们以为任务圆满结束了。结果，更多的地区要求进行化学处理，所以到1961年末，大约有131000英亩土地被化学药物覆盖。早在计划实施第一年，野生生物和家畜就有明显的严重死伤。尽管如此，计划仍旧照常进行，既未与美国鱼类及野生动物管理处协商，也未向伊利诺伊州狩猎管理处咨询。（不过，1960年春天，联邦农业局的官员却在参议院前反对这种须要事先咨询的法令。他们宣称此举没有必要，因为合作和协商是"经常性的"。这些官员根本无法记起"在华盛顿层面"有没有发生过合作。在当天的听证会，他们明确表示不愿与州渔业和狩猎部门进行协商。）

虽然用于化学药物防治计划的经费源源不绝，但伊利诺伊州自然生物调查局想要调查野生生物的损害情况，却十分拮据。在1954年，雇用野外调查助理的经费只有区区1100美元，而在1955年，

连这经费也没有了。尽管困难重重，生物学家依旧全力调查，他们发现药物对野生生物的损害几乎前所未有——从计划开始实施起，危害就明显地显现出来了。

不管是使用的药物，或是喷药的方式，都造成以昆虫为食的鸟类无法避免地中毒。早期在绍顿的计划，狄氏剂的使用量是每英亩3磅。要知道狄氏剂对鸟类的影响，只须回想，在实验室以鹌鹑做实验时，其毒性是DDT的50倍。因此，喷洒在绍顿田地上的农药，相当于每英亩150磅的DDT。而这还是保守的估计，因为有些喷药范围是重复的。

药品穿透土壤后，中毒的幼虫便爬出地面，直到死去；这期间就会吸引一些以昆虫为食的鸟儿前来饱餐。在药物喷洒后的两个星期，病死的各类昆虫到处都是，这对鸟类的影响也是显而易见的。褐色长尾莺、燕八哥、野云雀、白头翁和野鸡几乎被清除干净。据生物学家的报告，知更鸟"几乎全数遭到灭绝"。下雨后地面曾出现许多死蚯蚓，或许知更鸟吃了这些被毒死的蚯蚓。对其他的鸟来说，本来有益处的雨水，已变为破坏万物的药剂。因有毒物的渗入，在雨后的小水池喝水或洗澡的鸟儿，也就难逃一死；就算幸免一死，也丧失了生殖能力。受喷洒的地区虽然仍能找到一些鸟巢，有些里面还有蛋，但没有一只小鸟孵出。

至于哺乳类中的松鼠几乎全被消灭；死尸的样子看来就像中毒暴毙一般。喷药区还能看到死麝香鼠和死兔子。乡镇中本来常见的狐松鼠，自喷了药后就全都不见了。

自扑灭甲虫的计划实施之后，绍顿地区的猫也几乎全数绝迹。

在第一季狄氏剂喷洒之后，就有90％的猫死掉。这也是可预期的，因为从别的地方喷洒药物的数据显示，猫对杀虫剂极为敏感，特别是狄氏剂。世界卫生组织在西爪哇实施计划防治疟疾时，许多猫因此死去，在中爪哇也是同样的情况，这使得猫的价格涨了一倍。同样，世界卫生组织在委内瑞拉喷药时，猫成了当地的稀有动物。

在绍顿，不单是野生生物和宠物因防治昆虫而被牺牲，家畜也受到影响，这可以从许多羊群及牛群的健康情形看出来。自然生物调查局就有一份报告如此描述："这些羊群……从一片在5月6日喷洒过狄氏剂的田野，沿着一条石径，被赶到一块未喷过药物的翠绿色草原。显然有些药物已飘过石径来到草原，因为羊儿马上就显出中毒的症状……没有食欲、焦躁、赶不动，几乎不停地哀叫，头垂得低低地；最后只好把它们带出草原……羊群还表现出很想喝水的症状。有两只羊死在穿过原野的小溪中，其他的羊必须一再地从溪水中赶出来，有几只得从水中拖到岸边。最后又死了3只，其他的外表看来则已康复。"

这是1955年底发生的事情。虽然其后几年喷洒计划依旧进行，但调查经费已完全断绝。研究杀虫剂对野生生物影响的经费，由自然生物调查局列入年度预算，这项预算却成为伊利诺伊州政府最先删除的项目；一直到1960年，一位野外助手的工资才发到手，而他一个人干的活能抵上4个人的工作量。

自1955年调查研究中断以来，野生生物受到的惨痛伤害，没有多少改变。同时，化学药品也改用毒性更强的艾氏剂，对鹌鹑的药效是DDT的100—300倍，到1960年，当地每一种野生生物数

量都在递减。鸟类尤其严重，在唐纳文镇，知更鸟已经灭绝，白头翁、燕八哥、长尾莺也一样。在其他地方，这些鸟的数量也大幅减少。猎野鸡的人特别能觉察到扑灭甲虫的影响；在喷药区的雏鸟数量减少，而每窝雏鸟的数目也下降了。这地方过去是猎野鸡的好去处，现在则因猎不到鸡而无人问津。

为扑灭日本甲虫，爱洛奎郡有 10 万多英亩地曾实施 8 年多的药物喷洒计划，造成巨大的破坏。结果却发现对昆虫的遏制只是暂时性的，它们仍在向西部扩张。这种效果不佳的计划所造成的损失可能永远没有人知道，因为伊利诺伊州生物学家调查过的地区少之又少。如果有充分的经费全面调查，结果将更加骇人听闻。在 8 年期间，给野外调查用的经费只有区区 6000 美元，而联邦政府已花了 37.5 万美元在防治计划上，同时州政府又额外提供数千美元。用于调查研究的全部经费，不到防治经费的 1%。

中西部各州的这些防治计划，都是在一种恐慌的情形下开展的，好像甲虫的侵入会带来重大灾难，必须用所有方法来抵御，这当然扭曲了真相。假如这些承受着化学伤害的村镇知道日本甲虫刚进入美国的时候的情况的话，他们就不会默许这样的行为了。

东部各州实在很幸运，因为在甲虫侵入的时候，还没有人工合成的杀虫剂；人们不仅没有受甲虫入侵影响，反而能控制它的数量，而且人们所用的方法对其他生物完全无害。相对于底特律或绍顿那种情形有着天壤之别，他们的方法，是运用自然界的各种控制力量。这些方法效果持久而且对环境安全无害。

在甲虫进入美国最初的十多年，数量增加迅速，没有天敌克制它们的增殖速度。然而，截止到 1945 年，它们在许多地区已成为无关紧要的害虫，这主要归功于从远东引进来的寄生虫，它能使甲虫致病，从而减少其数量。

在 1920 到 1933 年之间，人们积极在甲虫的原产地搜集甲虫的天敌或寄生虫，结果从东方国家引进了 34 种昆虫。其中，有 5 种在美国东部繁殖得很好。最有效与分布最广的，是自韩国与中国引进的寄生性小土蜂。雌蜂在土里找到甲虫幼虫时，会在甲虫身上注射有麻醉作用的液体，然后在其体内产下一个卵。土蜂的幼虫便会啃食甲虫幼虫，将之消灭。在近 25 年联邦和州政府机构的合作下，东部有 14 个州引入这种小土蜂。小土蜂很快就繁殖起来，它们在控制甲虫方面的贡献也得到昆虫学家的普遍认可。

另一个更大的功臣是一种病菌，能感染日本甲虫所属的金龟子科甲虫。这种病菌很特别，不会感染其他种类的昆虫，对蚯蚓、温血动物及植物也无害。病菌的孢子藏在土壤中，若甲虫幼虫吃进去，病菌便会在幼虫血液中繁殖，使之呈异常的白色，因此人们通称这种病为"乳白病"。

1933 年在新泽西发现了乳白病。到了 1938 年，这种病在日本甲虫最早入侵的地区非常普遍。1939 年，为加速扩散这种疾病，政府开展了一场控制计划。当时还没有人工培养病菌的方法，但却发展出一种效果良好的方式，将受感染的幼虫磨碎、烘干、和石灰粉混合起来，所形成的粉末每克含有 1 亿颗孢子。在 1939 年到 1953 年间，东部 14 州约有 9.4 万英亩地用这种粉末处理过，其他联邦属地或私人机构属地及私人所有地也有广大土地经过了这种处理。到

1945 年，乳白病已传染给康涅狄克、纽约、新泽西、特拉华和马里兰等州的甲虫。在某些测试地区，幼虫感染率高达 94％。在 1953 年，粉末分布计划改由私人机构接管，继续提供给个人、花园俱乐部、民众团体及其他有志管治甲虫的单位。

实施天然防治法的东部各州，现在正在享受这种自然控制取得胜利的成果。这种病菌在土壤中可以存活好几年，因此效果持久、效用强大，且能经由自然的媒介不断扩展。

那么，为何东部有如此辉煌的记录，伊利诺伊等中西部各州却不用他们的方法，而疯狂地用化学药物来对付甲虫呢？据说，乳白病的病菌太贵，但在 20 世纪 40 年代，东部 14 州没人这样认为。而且，究竟他们是用什么方法计算出"太贵"的结论的？当然不是按照在绍顿大肆破坏后估算损失的方法。此外，病菌孢子的处理只需要一次，第一次处理的费用是唯一仅有的花费。

也有人说，乳白病菌不能使用在甲虫分布范围的边缘，因为它只能在有大量甲虫幼虫的土壤中才能生存。事实上，乳白病菌会感染至少 40 种其他种类的甲虫，这些甲虫就足以使病菌繁殖起来，即使日本甲虫数量太少或甚至一只也不存在也没关系。此外病菌孢子在土壤中具有长期生存能力，所以可以在还没有甲虫幼虫的地方先以"孢子"存在，等候甲虫的入侵。

急功近利的人，毫无疑问地会不惜任何代价，继续用化学方法对抗甲虫。同时由于化学方法需要再三施行，一次又一次地花钱，那些人也不在意逐日荒废的景物。另一方面，愿意等几个月获取成效的人，就会采用乳白病菌，他们的报偿将是具长效的防治成果，且随着时间越来越有效。

美国农业局在伊利诺伊州皮奥利亚的实验室，正在进行一项大规模的计划，用人工方法培养乳白病菌。这会使成本大为降低，并鼓励大众使用。经过数年的研究，已有一些成绩。此举一旦成功，也许我们在对付日本甲虫时会比较有理性与远见，不会为了区区几只日本甲虫造成的损失，而采用中西部那些噩梦般的计划。

像东伊利诺伊州药物喷洒这样的事件，引出一个不是科学，而是道德上的问题。是否任何文明都能对其他生命任意发动战争，而不会毁灭自身，也不会失去其"文明"的资格？

杀虫剂的毒性并没有选择性，并不能只针对我们想要去除的种类进行。用杀虫剂的原因很简单，就是它有毒性能毒死所有的生物——家里钟爱的猫，农夫的牛，田野的兔子，以及空中的云雀。这些生物对人类毫无害处，事实上它们的存在使我们的生活更快乐。然而，我们却用突如其来的恐怖的死亡来回报它们。在绍顿目睹惨状的科学家如此形容垂死的草地鹨——虽然失去肌肉的协调能力，不能飞也不能站起来，躺在那里，它还是不断拍翅膀，捏紧脚爪，嘴巴张开吃力地喘气。更可怜的是，死在地上作无言抗议的松鼠——显出死亡的恐怖，拱着背，脚趾紧握，前肢紧靠胸前：头和颈部往外挺直，嘴含泥土，显然它死前曾咬过地面。

作为人类，默许这种摧残生物生命的行为，真是降低了人的品格，令人惭愧！

鉴赏与思考

喷洒杀虫剂会不会对生物造成损害，不同身份的人有不同的说辞，到底该如何判断呢？作者举例论证了美国各州为消灭日本甲虫而采用的不同的方法——化学防治法和生物防治法，所带来的不同的效果；让读者一目了然地看到了结果，知道了什么是真正对人类有益的方法。

思考 人们为了省事，图一时的眼前利益，而大开杀戒，造成没有必要的大破坏，我们是否该为这种行为感到惭愧呢？

第八章

不再有鸟儿歌唱

名师带你读

为什么来鸟食槽吃东西的鸟儿越来越少？你知道知更鸟是怎样中毒身亡的吗？没有鸟儿了，树木能保全吗？

现在的春天，在美国基本上已经看不到归来的鸟儿。以往，清晨能听到鸟儿美妙的歌声，如今变得异常安静。这一变化来得非常迅速，令人难以察觉，一些没有受到影响的社区居民还没有发现异样。

美国博物馆鸟类名誉馆长，世界著名的鸟类学家罗伯特·墨菲，收到一封来自伊利诺伊州兴士达镇一位家庭主妇写给他的信，信上说：

"我们村庄的榆树，已经喷药好几年了(她写信时是 1958 年)。

我们六年前搬来这里的时候，鸟类繁多，我放了一个喂鸟槽，整个冬天不断有红雀、山雀、啄木鸟、五子雀飞来取食。在夏天，红雀还带着幼鸟一起来呢！

"在DDT喷过几年之后，镇上的知更鸟和八哥几乎都消失了；山雀已有两年没来我的喂鸟槽吃东西，而今年红雀也消失了；这附近的鸟大概只剩下一对鸽子和一窝嘲鸫了。

"孩子们在学校里学到，联邦法律禁止杀害和捕捉鸟类，所以很难向他们解释鸟儿都已经被杀死了。他们问我：'鸟儿会回来吗？'我无法作答。榆树和鸟儿不断在死去。有人在想办法补救吗？有什么事可以做吗？我能做些什么吗？"

在联邦政府为了对付火蚁，实施了大规模的喷药计划之后的一年里，有一位阿拉巴马州的妇女来信说："半个世纪以来，我们这儿一直是鸟儿的天堂。去年7月的时候来到我们这儿的鸟儿比以前更多，然后，在八月的第二个星期，它们突然都不见了。我习惯大清早起来照顾我那匹正怀着小马驹的母马，但是整个早上听不到一丝鸟鸣。这种情况既怪异又让人害怕。人们对我们美丽的世界做了什么？直到5个月后我才发现一只蓝冠鸦和一只鹪鹩。"

她所提到的秋季那几个月，在美国最南部的密西西比、路易斯安那及阿拉巴马等州，尚有其他令人忧心的报道——美国国立奥杜邦协会与美国鱼类暨野生生物管理局出版的季刊《野外纪事》，提到"确实所有的鸟都不见了"的可怕现象。《野外纪事》是一份收集野外观察报告的刊物，作者都在自己熟稔的领域累积了数年的观察经验，具有当地鸟类生态的丰富知识。有位观察员写道："那个秋天，我在密西西比州南部开车时，没看到一只鸟。”另一位来自巴顿·鲁日的观察家报告说：她的喂鸟槽有好几个星期都没有鸟儿碰过，院子里灌木所结的浆果，依然硕果累累，要是在以前，早就被吃光了。另一个人写道：从前，从他的大窗户看出去，通常可以看到四五十只红雀，以及其他种类的鸟，现在一两只鸟的身影都很难找到。西弗吉尼亚大学的莫里斯·布鲁克斯教授是阿拉巴马地区鸟类的专家，他的报告说，西弗吉尼亚地区的鸟类数量已经减少到令人难以置信的地步。

有个故事或许可以代表鸟儿悲惨的命运——这命运已带走许多种类的生命，并威胁到所有鸟类，比如众所周知的知更鸟。对美国人来说，第一只知更鸟的来临代表冬天已经离去。知更鸟到来的消息常常作为春讯登上报纸，也是人们在餐桌上乐于谈论的话题。当知更鸟抵达的数目越来越多，林地出现第一片翠绿时，成千上万的人们会听到知更鸟的合唱高歌。但现在都变了，连鸟儿飞回来都成了一件罕见事情。

知更鸟以及其他鸟类的存活，似乎都和美国榆树的命运息息相关。榆树是从大西洋到落基山脉数千小镇历史的一部分，它们以庄严的绿色装扮了街道、广场和大学校园。但现在榆树染上了一种病，专家认为这种病非常严重，采取任何挽救措施，都是徒劳。失去榆树固然可悲，但更加可悲的是，在徒劳无功地挽救榆树的同时，又把大群鸟类抛进了灭亡的黑夜中。这正是鸟儿所面临的威胁。

所谓的荷兰榆树病，大约是在 1930 年从欧洲登陆美国，当时是随同供应三夹板制造业用的榆树木块而来的。这种病的病菌是真

菌，会入侵树木的导管，借着孢子随树液扩散，由于它的分泌物有毒，会阻塞树木的导管，使树枝枯萎死亡。疾病通过榆树皮甲虫从染病的树传播到健康的树。甲虫在死去的榆树皮下开凿的通道中，遇上满是入侵细菌的芽孢，芽孢会附着在甲虫身上，这样它飞到哪儿，疾病就传播到哪儿。防治榆树病的主要方向都是针对带菌的甲虫。在许许多多的城镇，特别是美国榆树最多的中西部及新英格兰各州，密集式的药物喷洒就成了一项日常工作。

这种喷洒对鸟类尤其是知更鸟的影响，由两位鸟类学者发现了，他们是密歇根州立大学的乔治·华莱士教授与他的研究生约翰·迈纳。迈纳在 1954 年开始写博士论文时，所选的研究计划和知更鸟群数有关。这完全是巧合，因为当时没有人想到知更鸟会有危险，但就在他的计划要开始进行时，发生了一些事情，改变了他的计划，而事实上连他的研究材料也被剥夺了。

1954 年，密歇根州立大学开始喷药防治荷兰榆树病。次年大学所在地的东兰辛市也随后跟进，并扩大了喷药范围，再加上当地防治毒蛾及蚊子的计划也在进行，致使化学药品如雨水般倾盆而下。

在 1954 年用药量还轻微的时候，情形仿佛还不错，迁移的知更鸟像往常一样在下一年春天飞回校园；就像汤姆森的著名散文《失去的树林》里的风信子一样，鸟儿们回到自己熟悉的地方，它们"没有预感会有什么不幸"。很快，事情就出现了不对劲。校园中开始出现死去或垂死的知更鸟，那些鸟儿常来觅食的地方，或常做窝巢的地方，发现的鸟儿数量越来越少。鸟巢也变少了，雏鸟不多。次年春天，这种现象还在持续，喷过药的地区已经变成致命的陷阱，每一波迁移的鸟都在一个星期内被消灭得一干二净。新的鸟飞来，也只是让校园中垂死挣扎的鸟儿数目增加而已。

华里斯教授说："对大部分在春天要飞来栖息的知更鸟而言，校园就是坟场。"起初他以为鸟儿感染了某种神经系统的疾病，但很快就真相大白了，尽管喷药的人保证对知更鸟无害，然而知更鸟显现出来的症状，先是失去平衡感，接着是颤抖、痉挛、然后死亡。这是明显的杀虫剂中毒。

事实表明，知更鸟不是直接中毒，而是间接吃蚯蚓导致的中毒。有人无意间拿校园的蚯蚓去喂一个正在研究计划中的小龙虾，结果所有的小龙虾马上死掉。有一条实验室的蛇也因为吃了这种蚯蚓而猛烈颤抖。而蚯蚓正是知更鸟春天的主食。

位于俄班那市伊利诺伊州自然生物调查中心，有位洛伊·巴克博士很快就查出了知更鸟的死因。

巴克博士在1958年发表研究结果，指出知更鸟与榆树有关其中有一个关键的连接因素就是蚯蚓。榆树在春天被喷洒了农药（通常剂量是50英尺的一棵树使用2到5磅DDT，相当于在榆树密集的地方每英亩使用23磅）。到了7月，通常会以一半的剂量再喷一次。不管树有多高，强力的喷药器都可将药品直喷向树木的每一部分，不但把目标——树皮内的甲虫杀死，也把其他如传授花粉的昆虫及追捕害虫的蜘蛛和甲虫扑灭了。药物会在树叶及树皮上形成一层膜，是雨水洗刷不掉的。在秋天，树叶掉落，在地面堆积、腐烂，慢慢转变为土壤的过程，得靠蚯蚓的帮助，因为蚯蚓以落叶为食，而榆树叶又是它们最喜欢的食物。于是，有杀虫剂的榆树叶就在蚯蚓体

内浓缩、累积。巴克博士发现蚯蚓整个消化道、血管、神经及体壁上都含有DDT。毫无疑问，有些蚯蚓被毒死，有些则形成毒素"生物浓缩器"，等春天知更鸟回来，便加入这个循环。11条大蚯蚓吸收的杀虫剂剂量，就足以毒死一只知更鸟。而知更鸟在10分钟内就能吃掉10—12条蚯蚓，11条蚯蚓只是鸟儿一天食物的一小部分；倒不是每只知更鸟都会吃进足以致命的药量，但是另一种后果一样会导致灭亡，那就是生殖力降低。所有的鸟类都有这个问题，事实上所有生物同样都存在这种潜在的危机。在整个密歇根州立大学185公顷的校园里，现在每年春天只找得到两三只知更鸟，而在喷洒药物之前，这个数量至少是370只成鸟。在1954年，迈纳观察到的每一个鸟巢都有小鸟孵出来。到1957年6月，本来应有370幼鸟(取代成鸟的正常数目)在校园觅食的，迈纳却只发现了一只。一年后(1958年)华里斯博士写道："在校园本部我连一只幼鸟都没看到，也没听说有谁见过。"

没有小鸟的原因，当然是成鸟在筑巢交配前便死了，但华里斯博士发现了更可怕的原因，是鸟儿的生殖能力已受到损害。例如："记录显示，有些鸟筑了巢但不生蛋，又有些鸟生了蛋却孵不出来。有只知更鸟乖乖地孵了21天蛋，还是孵不出小鸟。正常的话13天就孵出来了……"在1960年，他向国会小组报告说："我们化验了繁殖期间的鸟，发现它们的睾丸和卵巢含有高浓度的DDT。有10只雄鸟的睾丸含30—109ppm；在两只雌鸟的卵巢中，一只含有151ppm，另一只含211ppm。"

不久，其他地区也开始发现同样的事情。威斯康辛大学的约瑟·赫奇教授和他的学生在仔细调查喷洒及未喷洒的地区后，报告说知更鸟的死亡率至少高达 86—88%。1956 年，在密歇根州花田山的克兰·布鲁克科学院，研究者们为了评估喷洒榆树造成鸟儿死亡的严重性，要求人们将疑似 DDT 中毒的死鸟送交科学院检验。结果大家反应热烈，没几个星期该院的冷冻库就不够使用了。只好谢绝其他样本，到了 1959 年，本地区的人就送交了 1000 只中毒而死的鸟。虽然知更鸟是主要的受害者（有位妇女打电话报告说，有 12 只知更鸟在她的草坪上当场死亡），但受检的样本中还另有 6 种不同的品种鸟。

因此，喷洒榆树所造成的一连串损伤中，知更鸟只不过是其中的一部分，而喷洒榆树的计划，也只是众多药物喷洒计划将我们的土地铺上一层毒药的一小部分而已。大约有 90 种鸟类受到严重影响，包括最为郊区居民及业余赏鸟人士熟悉的鸟种。某些喷过药物的地区，筑巢的鸟数已经不足原来的 10%。如我们将看到的，各种各样的鸟类都受到影响，无论是在地面捕食的，在树上猎食的，在树皮上取食的，还是猎捕小型动物的等等，无一幸免。

只要是以蚯蚓或其他土壤里的生物为食的鸟类和哺乳类，势必都会遭到和知更鸟同样的厄运。大约有 45 种鸟类以蚯蚓为食，其中一种是山鹬，山鹬在南部各州过冬，而这些州正是喷洒七氯最多的地方。已经有人发现，在新布隆斯威克（加拿大东南大西洋沿岸的一省，西南与美国缅因州相连）繁殖区的雏鸟显著减少，而成鸟体内含有大量的 DDT 及七氯残余。

记录显示，在地面捕食的鸟类中有 20 种以上的死亡率极高，

它们的食物——虫、蚂蚁、蛆虫及其他土壤中的生物已中毒害。这些鸟类包括三种歌声最优美的画眉鸟：绿背鸟、黄褐森鸫和隐居鸫。而在林地和灌木丛中来往穿梭的麻雀，落叶中飒飒飞翔的歌雀与灰莺，也是榆树喷药的受害者。

哺乳动物也直接或间接地卷入这个连锁反应。蚯蚓是浣熊的主食，而负鼠在春秋季也吃蚯蚓。在地底潜伏的地鼠和鼹鼠吃了蚯蚓，可能就把毒药传给猎捕它们的角枭和苍枭。在威斯康辛州春雨过后，有人捡到好几只死的角枭，可能是吃蚯蚓中毒而死的。也有人看过鹰类和枭类倒地抽搐，包括大角枭、角枭、赤肩鸳、雀鹰以及泽鹭。这些可能是吃了体内存有杀虫剂的鸟类或鼠类所致的连锁中毒。

不仅是在地面觅食的动物或吃这些动物的人遭殃，所有在树梢觅食，在树叶上搜寻昆虫的鸟儿，也在喷洒农药的密集区消失了，包括有"林地妖精"之称的红冠戴菊鸟、金冠戴菊鸟、娇小的捕蚋鸟，以及多种的鹟莺。这些鸟在春天迁徙的时候，成群结队地在树间穿梭，构成一幅美丽的七彩画。在1956年，有个喷洒计划延迟到春季末才实施，正好碰上大群鹟莺的到来。结果，所有鹟莺都没能逃过这一劫。在威斯康辛州的白鱼湾，前几年的迁徙季节能看得到上千只的金冠鹟莺，在1958年榆树喷药过后，只看到两只。鹟莺的死亡数不断增加，包括那些最美丽动人、颜色鲜艳的，以及歌声曼妙的种类。它们不是直接被吃下的昆虫毒死，就是间接因食物短缺而死。

食物短缺，对在空中轻盈飞翔、追捕昆虫的燕子，也有极大的影响。威斯康辛州一位自然学家说："燕子受到很大的影响——每个人都抱怨说，比起四五年前，实在少得可怜。仅仅是 4 年前，空中到处都是，现在我们难得看到一只。这可能是因为农药把昆虫都杀死了，或燕子吃了有毒的昆虫被毒死了。"

至于其他鸟类，这位自然学家写道："另一种数量锐减的鸟类是菲比霸鹟。霸鹟这种鸟本来就不多，但常见的种类也变得很稀少。我今年春天只看到一只菲比霸鹟，去年也只有一只。威斯康辛州其他赏鸟的人也有这样的抱怨。过去我常看到五六对红雀，现在一只都不见了。鸫鹟、知更鸟、反舌鸟和枭每年都在我的花园筑巢，现在都没有了。夏日的清晨，已经听不见鸟儿的歌唱。只有鸽子、八哥及英国麻雀等留下来，真是悲惨得令我无法忍受。"

人们在秋天喷洒榆树，把毒素喷进树皮的每一个隙缝里，可能就让各种山雀及啄木鸟的数量大幅减少。1957 到 1958 年间的冬天，华里斯博士发现多年来他家的喂鸟槽第一次没有见到山雀。之后他发现了 3 只，它们的出现恰好一步步说明了前因后果——一只在榆树上捕食，一只正在垂死边缘，显露出典型的 DDT 中毒症状，另一只则已死亡。后来发现那只垂死的山雀组织中含有 226ppm 的DDT。

这些鸟的觅食习惯，让它们特别容易受到杀虫剂的伤害。从经济角度和其他不易察觉的方面看它们的死亡显得可悲可叹。例如，白胸五子雀与褐旋木雀夏天的食物包括各种对树木有害的昆虫卵、幼虫和成虫。山雀食物的 3/4 是动物，包括处于各个生长阶段的昆虫。在本特重要的著作《北美洲鸟类的生活史》中，他对山雀觅食的方式如此描述："鸟群在迁徙时，每只鸟都会仔细检查树皮、树枝、

树干，寻找每一口食物(蜘蛛的卵、茧，或其他休眠的昆虫)。"

已有许多科学研究证实，鸟类在昆虫防治上是很重要的一环。如防治恩格曼针枞甲虫主要是靠啄木鸟，它们能把甲虫数量减少约45—80%；而它们在防治苹果蛀心蛾上也非常重要。山雀是另外一种在冬天出现的鸟，能对抗尺蠖虫，保护果园。

但消灭昆虫，也把主要天敌——鸟类一并杀灭。往往当害虫数量再度上升时，已经没有鸟儿能扼制它们的繁殖。密尔瓦基大众博物馆鸟类馆馆长欧文·高美在给密尔瓦基杂志的投稿中提到："昆虫最大的敌人是其他捕食性昆虫、鸟类，以及小型哺乳动物，然而DDT将它们一律杀灭，连大自然自己的'守卫'和'警察'也不例外。虽然是以进步的名义，但我们是不是都要成为昆虫防治的牺牲品？我们用残暴的方法消灭昆虫，却只能得到暂时的解脱，最后还是输给昆虫。若有新的害虫出现，攻击榆树消失后剩下来的树木，而大自然的守卫——鸟类，已被我们的毒药消灭时，我们将用什么方法来对付？"高美先生提到，自从威斯康辛州开始实施喷洒后，几年时间有关鸟儿死亡或濒死的电话信件不断增加，经查询后发现，那些地区都喷洒过化学农药。中西部地区大部分研究中心的鸟类学家和观察家都与高美先生的观点一致。在受到喷洒的地区，只要浏览一下报纸上的读者投稿栏，就能清楚看到，人们渐渐发觉到了这个问题，也越来越愤慨；而他们对喷洒的危险性往往比下命令实施喷药的官员有更深刻的了解。"我们后院的美丽鸟儿将会死去，我担心那一天很快就会到来，"一位密尔瓦基的妇女投稿说，"这实在太可怜了，令人心碎，更令人灰心、愤怒的是，药物喷洒并未达到预期的目的。长远来看，你能挽救树木而不同时让鸟类生存吗？在自然界中，二者岂不是相依相存的？难道要维护自然界的平衡，就一定得先扰乱既有的平衡状态吗？"

有些读者也投稿表示，榆树虽然壮观，但毕竟不是"神圣的牛"，没有必要为了挽救它们而不惜代价，伤害其他生物。"我一向都喜爱我们的榆树，它们就是我们这里的标志。"另一位威斯康辛的妇女写道，"但树有很多种：我们也应该挽救鸟类。若春天听不到知更鸟的歌唱，可以想象有多凄凉，多可怕！"对大众来说，选择似乎非常简单，要鸟还是要榆树？但事情并不那么简单，如果继续以现在的方法施行下去，到头来可能鸟和榆树都保不住。药物喷洒杀害鸟类，但也救不了榆树。以为喷药能救榆树的幻想正把一个又一个地方拖入巨额开支的泥沼，却产生不了一点持续的效果。康涅狄克州的格林威治定期喷药喷了 10 年，接着一年干旱，对甲虫创造了特别有利的条件，致使榆树死亡率上升十倍。伊利诺伊州的俄班那市，是伊利诺大学的所在地，1951 年最早出现荷兰榆树病，1953 年开始实施喷洒，到了 1959 年，喷了 6 年的杀虫剂，但大学校区的榆树已经死了 86%，其中有一半死于荷兰榆树病。

在俄亥俄州托莱多市，一个相似的经历使得林业主管约瑟夫·斯威尼更加真实地看待喷药计划的后果。药物喷洒是 1953 年开始的，一直持续到 1959 年。然而，斯威尼先生注意到，枫棉介壳虫在全市猖獗的情况，比"书本和权威人士"建议喷洒农药以前更为严重。他立即决定自己检视喷洒杀虫剂对付荷兰榆树病的结果；他的发现

使他大为震惊。在托莱多，榆树病情况不严重的地区，都是有病的树就立刻移除的地区，而喷过药剂的区域，榆树病的蔓延却相当严重。在乡村什么都没做的地区，疾病的蔓延也没有喷过药的城市来得快速。显然药物把所有天敌都消灭了。

"我不再因荷兰榆树病而喷洒药物，此举已使我和赞成美国农业局建议的人发生冲突，但我有事实根据，绝不改变我的决定。"榆树病在这些中西部的市镇蔓延，只是近几年的事，但人们不先向其他早有此问题的市镇探听，就毫不迟疑地着手进行野心勃勃且花费高昂的喷药计划，实在很令人难以理解。例如：纽约州当然是受荷兰榆树病所害历史最久的地区，因为带病的榆木就是约于 1930年经纽约港进入美国的，而且也是当今抑制榆树病记录最好的一州。然而，药物喷洒并不是他们用的方法；实际上，其农业部门并不赞成小区用农药防治榆树病。

那么，纽约州是怎么做的呢？从榆树病一开始出现到现在，他们采用的方法都是严格控制环境卫生，或立刻去除染病的树木。起初效果不明显，因为人们不知道不但染病的榆树要除去，连可能藏有甲虫的榆木也得销毁。染病的榆木在砍伐下来囤积做燃料之用时，会释出带有病菌的甲虫，除非在春天就烧掉，否则冬眠后的甲虫成虫，在四五月间出来觅食时，就会传播病菌给榆树。纽约的昆虫学家已从经验知道哪一类木料容易滋生甲虫，只要严格管理这些木料，不但能事半功倍，也可以减少卫生计划的花费。到 1950 年，纽约州 5.5 万棵榆树罹患荷兰榆树病的比率已减至0.2％。在 1942 年，威却士特郡开始实施一项卫生计划。其后 14

年间，每年榆树死亡率只有 0.2%。水牛城拥有 18.5 万棵榆树，在环境卫生防治榆病上一直都是优良记录，它们近年损失的榆树每年只有 0.3%。换句话说，以这种速率，要 300 年的时间才会消灭水牛城所有的榆树。

在雪城所发生的事，更是发人深省。在 1957 年前，没有实施什么有效的计划；于 1951 至 1956 年间，雪城损失了将近 3000 棵榆树。后来，在纽约州立大学森林学院的哈沃·密勒的指导下，所有罹病的榆树以及可能藏有甲虫的榆木全面遭到砍除销毁。现在榆树损失率每年不到 1%。

纽约州防治荷兰榆树病的专家，都再三强调这种环境卫生办法的经济性。"在大部分情况下，实际花费都很小，而受益却相当大。"纽约州立大学农学院的马西斯说："如果树枝死了或折断，就得去掉，以免对人或财物造成损害。若是当燃料的柴堆，可以在春天到来前用掉，或把树皮剥掉，或把木柴贮存在干燥的地方。若是已死或快要死的榆树，为了避免榆树病蔓延而立刻将之去除的费用，不会比日后还多，因为城里的死树最后还是得去除的。"

因此，只要采取明智的措施，荷兰榆树病并非无药可救。虽然至今仍没有方法能将之完全根除，但是却可用卫生管理方式，将它控制或抑制在可接受的范围内，而不必用徒劳无功，且大肆杀戮鸟类的方式。另一个可能的方法是由森林遗传学，发展出能抗荷兰榆树病的变种。欧洲榆树是相当有抵抗力的，华盛顿特区里已经种植了许多欧洲榆树，在市区大多数榆树染病的期间，没有一棵欧洲榆树得这种病。

　　在损失大量榆树的地区，人们正努力借树苗培植园和造林计划来补种树木。不过，虽然这些计划应包括能抗病的欧洲榆树，其他种类的树木也应考虑，以免日后又一个流行病袭卷掉所有的树。动植物群落健康的关键，如英国生态学家查尔斯·爱尔登所说，在于"多样性"。现在会发生这种事，主要是由于过去几代生物的多样性逐渐消失。就在 30 年前，还没有人知道在一大块地单种一种树是会招致灾祸的，以致市长将市镇的每条街旁和公园种满榆树，而今天榆树死了，鸟儿也死了。

　　和知更鸟一样，另一种美国鸟也似乎濒临绝种的边缘，那就是美国的国家象征——白头鹰。过去 10 年来，它们的数量已锐减至令人心惊的地步。事实表明，白头鹰的生活环境似乎有什么东西在作祟，在完全破坏它们的生殖能力。究竟是什么东西，还没有确切的答案，但证据显示可能是杀虫剂。

　　我们对北美洲的鹰类研究做得最为透彻的，是栖息在佛罗里达州西海岸沿着谭帕到麦尔斯堡的白头鹰。伯利先生在 1939 年到 1949 年间，为 1000 多只白头鹰幼雏结上标记而在鸟类学界享有盛名（在这之前，只有 166 只白头鹰曾被结上标记）。伯利先生在冬季的数月间，在幼雏尚未离巢前，便为它们打上标记。之后从标记知道这些在佛罗里达州出生的白头鹰，可以往北沿着海岸一直飞到加拿大的爱德华岛，而过去人们却以为它们是不移栖的。秋天它们回到南方，最适合观察白头鹰移栖的地点，便是宾夕法尼亚州东部的鹫山。

　　伯利先生开始为白头鹰结标记的头几年，在他工作的海岸线上，每年都可以找到 125 个育有幼鸟的巢，他每年结上标记的幼雏也约有 150 只。到了 1947 年幼鸟的数量开始下降。有些巢没有蛋，有些有蛋却孵不出来。在 1952 到 1957 年间，大约有 80％的鹰巢没有幼鹰孵出来。而在 1957 年，他只找到 43 个巢，其中有 7 个孵出幼雏(8 只小鹰)，有 23 个有蛋却没孵出来，13 个鸟巢被成鹰当作吃食的地方，根本没有蛋。1958 年，伯利先生沿着海岸找了 100 英里，才找到一只可以结标记的小鹰。至于成鹰，在 1957 年还在 43 个巢中看到，现在却已稀少到只剩下 10 个巢。

虽然 1959 年伯利先生的去世结束了这一系列宝贵的、未经解读的观察，但是佛罗里达奥杜邦协会以及新泽西和宾夕法尼亚的报告证实，我们可能需要重新找一个国家象征了。鹫山保护区负责人莫里司·布隆的报告更是特别重要。鹫山是位于宾夕法尼亚州东南的小山顶，风景如画，是阿帕拉契山脉最东边的山，也是从西部来的风往东岸平原吹去的最后一道屏障。当风吹向山脉时，气流便往上偏移；因此在秋季时，连续往上升的气流便使阔翼的鹫和鹰不费力气就能飞翔自如，一天能南迁好几英里。由于各路山脉在此会合，因此也是鹰类空中航行的集中点。结果，从北方各处南迁的鸟，都要通过这个交通要道。

布隆先生在此任职已有 20 多年，这期间他对鹰的观察和实际做的记录，比任何美国人都要多。白头鹰南迁的高峰是在 8 月底，9 月初。这些可能是夏天在北方避暑后回家的佛罗里达州的鸟。从 1935 到 1939 年，也就是建立保护区的前几年，有 40％的鹰是未成年鹰，这很容易从它们整齐一致的黑羽毛看出来。但近几年，这些

小鹰已非常罕见。在 1955 到 1959 年间，小鹰只占 20％，而在 1957 年，每 32 只成鹰中只有一只幼鹰。

在其他地方所看到的现象，和在鹫山所看到的基本一致。伊利诺伊州自然资源委员会官员伊登·佛克就提出过类似的报告。有一群可能在北方繁殖的鹰，都在密西西比河与伊利诺河沿岸过冬。佛克报告说：依他新近的估算发现，59 只成鹰中只有一只幼鹰。同样指出鹰类渐趋灭亡的报告，来自世上唯一的一处鹰类保护区，位于苏格汉那河的强森山岛，这座岛距可努伟高水坝虽只有 8 英里，距兰加士达郡也只有半英里，但仍然保有原始荒野的面貌。自 1934 年起，兰加士达的鸟类学家，也是保护区负责人的荷伯特·贝克便持续观察了岛上唯一的一个鹰巢。在 1935 与 1947 年间，这个巢一直都有鹰来居住，小鹰的孵育也都很成功。但是从 1947 年开始，虽然还是有成鹰占用这个巢，它们也下了蛋，但却没有幼鹰孵出来。

那么，强森山岛也和佛罗里达州发生的情形一样——有成鹰占用鹰巢，有蛋的生产，却甚少有幼鹰孵化出来。原因似乎只有一个，那就是环境中有某种物质大大降低了鹰类的生殖能力，以至于目前每一年几乎不再有新增的幼鹰来维持鹰的数量。

已有人用其他种鸟类做实验，以人为方式造出同样情况，特别是美国鱼类和野生物管理局的詹姆士·戴维博士的实验。他用鹌鹑和野鸡研究杀虫剂的影响，现已成为实验的典范。实验结果确定鹌鹑和野鸡接触到 DDT 或相关化学物质后，即使没有显著的伤害，也会严重影响生殖能力。影响的方式可能不一样，最终却有一样的后果。例如，在繁殖季节中间，给鹌鹑吃含DDT的食物，它们可以活得很好，甚至产下正常数量的蛋，但是没有几个蛋孵得出来。"许多胚胎在孵化初期似乎发育正常，但是到了末期就死掉了。"戴维博士说道，至于那些孵化出来的，有一半以上在五天之内死掉。在另两个实验中，若对野鸡和鹌鹑整年喂以含杀虫剂的食物，就不会下蛋。加利福尼亚州大学的劳勃·鲁得博士和理查德·金尼利博士也有类似的发现。喂狄氏剂的野鸡，蛋的产量显著下降，小鸡的存活率也很低。据他们表示，狄氏剂会积存在蛋黄中，而慢慢渗进正在发育的胚胎，最后对孵化后的幼雏造成致命的后果。

华里斯博士与他一个研究生最近的研究结果，强力支持了这个看法。他们发现，密歇根州立大学校园的知更鸟含有高浓度的DDT，他们检查过的每一只雄鸟的睾丸，都含有DDT；另外在雌鸟体内发育中的卵泡、卵巢，未下的蛋、输卵管、弃置在巢中未孵化的蛋、蛋中的胚胎，以及刚孵出来已死的小鸟体内，都含有DDT。

这些重要研究显示，纵使在接触杀虫剂后立刻除去杀虫剂，毒性仍会危害下一代。毒药储存在滋养胚胎的蛋黄中，幼鸟必死无疑，这可以解释为何戴维博士的鸟有很多死在蛋里面，或孵出来没几天就死了。

用白头鹰做这些实验，有无法克服的困难，但在佛罗里达、新泽西及其他各州已经开始进行野外研究，目的是找出造成白头鹰族群生殖力下降的真相。目前，现有的间接证据指向了杀虫剂。在产鱼丰盛的地区，鱼是白头鹰大部分的食物。毫无疑问，伯利先生长

久以来所研究的鹰类，主要以鱼为食。从 1945 年开始，人们屡次用溶于柴油的 DDT 自空中喷洒这一地区。喷洒的主要对象是咸水沼泽的蚊子，它们栖息于沼泽和沼泽沿岸，而这些区域也是白头鹰猎食的地方。实验室的分析发现，这些鹰的组织含高量的 DDT——高达 46ppm。就像清湖的水鸟，因为吃了湖中体内积存高浓度杀虫剂残余的鱼，白头鹰体内必然也积聚 DDT。结果和水鸟、野鸡、鹌鹑、知更鸟一样，白头鹰的幼雏越来越少，逐渐失去延续族群的能力。

当今世界各地的鸟类，都面临着同样的危机。细节也许不一样，但总是一而再再而三地，在用过杀虫剂后，野生生物便相继死亡。在法国，用含砷的除草剂去除葡萄园的茎干，曾使数以百计的小鸟与鹧鸪死掉；在素以鸟多著名的比利时，也因农地喷洒杀虫剂，使得猎人无鸟可猎。

英格兰的问题似乎比较特殊，这牵涉到种田的方式：种子在播种前先用杀虫剂处理过。这种方式不怎么新，所用的化学药品主要是杀菌剂，对鸟类似乎没有影响。但大约从 1956 年开始，人们改用了一种双重灭杀的方式；除了杀菌剂，还加入狄氏剂、艾氏剂或七氯，目的是对付土壤里的昆虫，结果，情况变得每况愈下。

1960 年春季，死鸟的案件纷纷涌向英国野生生物机构，包括英国鸟类学信托基金会、皇家鸟类保护协会，以及猎鸟协会。"这地方就像个战场，"那福克有位地主写道，"我的佣人发现无数的动物尸体，包括为数众多的小鸟——苍头燕雀、金翅雀、赤胸朱顶雀、篱雀和麻雀……野生生物所受到的伤害，实在可怜极了。"一位猎场看守人写道：“我的鹧鸪吃了上药的玉米后全部死光，此外有些野鸡和其他上百只不同种类的鸟也都死掉了……我看守猎场一辈子，这真是令我心痛的经验。看到鹧鸪成双成对地死在一起，很令人难过。”

英国鸟类信托基金会和皇家鸟类保护协会在合写的报告中，提到 67 只死鸟——在 1960 年春季死亡的总数，当然远超过这个数字。这 67 只鸟中，有 59 只因吃了经农药处理过的种子而死，有 8 只则是因喷灌的毒药而致命。

来年，鸟儿中毒的事件会如潮水般袭卷而来。向英国上议会报告的鸟类死亡数，单是那福克区就有 600 只，而北艾塞克斯有个农场死了 100 只野鸡。人们很快便发现，受波及的乡镇要比 1960 年多得多。以农业为重的林肯州，受到的灾害最大，计有 1 万只鸟死亡。然而，受害的区域从北边的安格斯到南边的克伦威尔，从西边的安格勒到东边的那福克，几乎包括了整个英国的农业地区。

到了 1961 年春季，英国下议院鉴于灾情惨重，成立特别委员会来调查事情的原因，听取农人、地主、农业局及其他关心野生生物的官方或非官方机构代表的证言。

“死鸽子突然从空中跌下来。”有位证人如此说道。“在伦敦郊区可以开车开一、二百英里，看不到一只红隼。”另一个证人如此表示。自然生物保护局的官员则作证道：“就我所知，在我们国家历史上野生生物从未遭遇如此重大的危险。”

用来分析检验受害动物的化学设备，大部分都不适用，全国只

有两位化学技师能做这种分析(一位是政府的技师，另一位受聘于皇家鸟类保护协会)。有证人曾形容大火焚烧鸟尸的景象。但还是有人费心收集鸟尸进行检验；在分析过的鸟尸中，除了一只以外其他全部含有杀虫剂残余。这唯一的例外是一只田鹬，这种鸟并不以种子为食。

除了鸟类外，受害的可能也包括狐狸，它们或许间接吃进中毒的老鼠或鸟。英格兰的兔子太多，主要得靠狐狸捕食来控制数量，但是从1959年11月到1960年4月之间，至少有1300只狐狸死亡。死亡数量最多的地方，也是麻雀、惊鹰，与其他猛禽消失之处，由此可见，毒药是借着食物链进行传递的，从吃种子的动物传给吃肉的鸟类或哺乳类。奄奄一息的狐狸，样子就和氯化碳氢化合物杀虫剂中毒的动物一样，迷乱地绕着圈子走来走去，眼睛半瞎，最后在抽搐中死去。

那场听证会使委员会的成员相信，野生生物正面临极度惊人的危害，而同意向下议院建议苏格兰的农业部部长及政府首长应该立刻禁止使用含狄氏剂、艾氏剂、七氯或其他有同等毒性的化学物质来处理种子。委员会并建议采取更妥切的条例，确保化学药品在问市前经过实地或实验室适当的试验。值得强调的是，这是所有地区杀虫剂研究领域的一个大的空白。生产商做的实验都是常规的动物(老鼠、狗、豚鼠)，而没有野生动物，没有鸟类，也没有鱼类，而且他们的实验是在人为可控的条件下进行的。因此在野生动物身上的应用会有很大出入。

英国不是唯一有这种问题存在的国家，在美国，这类问题在加利福尼亚州及南方种稻米的地区最为严重。数年来，加利福尼亚州的米农一直都用DDT处理种子，为了防止伤害秧苗的蝌蚪、虾及水龟虫。加利福尼亚州猎人一向猎绩良好，因为稻田中有数量极多的水禽和野鸡。但近十年来，种稻地区的野鸡、鸭子及黑鹂等鸟类，数量不断在减少。"野鸡病"成为大家所熟知的疫病：鸟儿会"找水喝，麻痹，在水沟边或稻田里发抖"，这种病都是在春天播种的时候发生。所用的DDT浓度是能毒死一只野鸡的好几倍剂量。

经过数年时间，有毒性更强的杀虫剂问世，使得处理过农药的种子所造成的危害更大。比DDT毒性强100倍的艾氏剂，现在普遍用于处理谷种。在德州东部，这种耕种方式已严重减少了墨西哥湾沿岸黄褐树鸭的数量。其实，我们有理由相信，农夫因发现杀虫剂有压制黑鹂数量的效果，所以更热切地使用杀虫剂，然而却使稻田上的其他鸟类一起遭殃。

随着杀害动物的习惯逐渐养成——即根绝所有令人讨厌或使人不便的生物，鸟类已渐渐变为农药的直接目标，而非间接受害者。现有一种趋势，是从空中喷洒致命的药物，如对硫磷，以控制农夫不喜欢的鸟类数量。美国鱼类与野生物管理局已经发现了事态的严重性，而指出"经对硫磷处理过的地区，对人类、家畜及野生生物已构成潜在的危险"。例如：在印第安那州南部，一群农夫在1959年夏天合资租用飞机把对硫磷喷在一片河边低洼地区，而那是数以千计的黑鹂的栖息之处，它们都在附近的玉米田觅食。这问题本来是很容易解决的，只要稍微改变一下耕种的方式——改种玉米穗深藏在里面，不易被鸟吃去的品种；然而，农夫已被农药的威力所折服，

因此召来飞机执行死亡任务。

　　喷药结果可能让农夫大为满意，因为有 6.5 万只红翅黑鹂和八哥死亡。至于其他野生生物的死伤，可能没有人注意到，也没有记录。对硫磷不单会杀害黑鸫，对其他生物也一样。像兔子和浣熊，或许会在河边逗留，但可能从未在农夫的玉米田觅食，却被对其生存漠不关心的法官和陪审团判以死刑。

　　那人类呢？加利福尼亚州有个果园喷洒过对硫磷，工人接触到一个月前喷过药的叶子便休克晕倒在地，经急救才脱离危险。印第安纳州的小男孩，仍然在森林或田野，甚至河边漫游吗？如果是的话，谁去看守受毒药污染的地区，防止路人进入？谁将提高警觉，警告不知情的人不要误踏置人于死地的区域，并告诉人们所有植物都包裹上一层有毒的薄膜？然而，尽管有这么大的危险，农夫却可随便用来对付黑鸫，无人阻挡。

　　这种情况，每一件都令人想到是谁开始这一连串下毒的行动，使死亡像小石投进静止的池塘般引起涟漪，逐渐往外扩散？是谁在天平的一边，放下可能会被甲虫吃掉的叶子，而在另外一边放入一堆五彩缤纷，遭毒害的鸟儿所遗留下来的羽毛？是谁有权利，为无数不知情的人决定说，没有昆虫的世界是最好的，纵使是不毛的世界也是值得，而空中展翼飞翔的鸟儿糟蹋了这样的世界？下决定的，是人民暂时赋予权利的政府官员。对千千万万的人而言，大自然的美丽与秩序，仍然是最重要的，但政府官员就在人们稍不注意的时候，做了决定。

鉴赏与思考

本章从知更鸟的死亡和越来越少的鸟儿数量让我们看到这样一个触目惊心的事实：喷洒化学杀虫剂不仅毒杀了昆虫，也毒杀了昆虫的天敌——鸟类。化学控制的结果是昆虫抗药力增强了，再度繁殖成灾，而能消灭它们的鸟类却灭亡了。人类得以收获的是一个寂寞无声，一片死寂的春天。

思考 作为大自然中的一员，你愿意生活在这样一片死寂，了无生趣的春天里吗？

第九章

死 河

名师带你读

杀虫剂是怎样污染河流的？对树木喷药，为什么会引起鲑鱼的死亡？作者还列举了哪些鱼类死亡事件？

在大西洋碧绿的深海中，有许多路径通向海岸。这些是鱼游行的路线，虽然看不见，摸不着，却是与沿岸的河流相通的。从几千万年以前，鲑鱼就知道沿着这些路线，回到它们度过生命中最初数月或数年的河流。因此，在1953年的夏天和秋天，加拿大新布隆斯威克省沿岸一条名叫米兰米契的河里，有鲑鱼远从大西洋游来，回到它们的出生地。秋天里的米兰米契河上游，在处处有遮阴的小溪里，鲑鱼在沙砾的河床上产卵，清凉的溪水从上面流过。这个地方，生长着一大片云杉、香枞、铁杉和松树针叶林，它们为鲑鱼孵育提供了不可或缺的生存条件。

这种情况，延续了几千年，使得米兰米契河成为北美洲最美妙的鲑鱼溪流之一。然而那一年，情况有了改变。

秋冬时期，母鱼在浅水的沙砾河床上挖出小沟，产下硕大的卵。在寒冬中，鱼卵发育得很慢，到春天鱼卵才会孵化，幼鱼起先藏在河床的小石头中，身长不过半英寸长。它们不吃东西，只靠大大的卵黄囊存活，等到卵黄囊耗尽，幼鱼才开始寻找溪流中的小昆虫。

1954 年春季，米兰米契河中除了刚孵出的幼鱼外，还有前一两年孵出的小鱼，身上有颜色鲜艳的线条和红点。它们拼命地吃，不断寻找溪流中各式各样的昆虫。

然而等夏天到来时，一切都变了。那一年，为了消灭云杉卷叶蛾，加拿大开始了一个大规模的药物喷洒计划，而米兰米契西北部的溪流遮阴区也包括在内。卷叶蛾是土生土长的昆虫，专门侵害各种针叶树，在加拿大东部，似乎每隔 35 年，卷叶蛾就要大肆猖獗一次。20 世纪 50 年代初期，卷叶蛾的数量再一次暴增，于是，人们开始用 DDT 来对付它。起先只是小规模地喷洒，到 1953 年突然用量剧增，喷洒森林的范围不再是几千英亩而是几百万英亩，为的是挽救香枞——纸浆和造纸工业的原料。

于是在 1954 年 6 月，有飞机飞到米兰米契河西北方森林的上空，白色的喷雾跟着飞机的航行形成交错的图案。喷药——每英亩一磅半 DDT 的油性溶液，穿过香枞树林，最后进入地面和溪流中。奉命喷洒药物的驾驶员，只想到要完成任务，而在飞越溪流时全然没想到要避免把药喷到河中或把喷药管关掉。不过，空气中即使一

点小小的扰动就会使喷雾喷得老远，所以就算驾驶员想到要这样做，对现状也是于事无补。

喷药之后没多久，就显示出许多不对劲的迹象。两天之内，河岸边就开始出现死鱼或奄奄一息的鱼，其中包括许多小鲑鱼及鳟鱼，而路旁及森林中的鸟也濒临死亡。溪流中一切生物都变得死寂，在喷药前，水中有丰富的生物，供鲑鱼及鲢鱼为食；有用唾液黏贴在稍有保护作用的叶子、树干及石砾下的石蚕的幼虫，及在激流中紧紧攀附着石块的石蝇幼虫，也有像蠕虫一样的蚋幼虫，附在溪底石头的边缘，或受溪水冲洗的石块斜面上。但是现在溪里的昆虫都被DDT毒死了，而小鲑鱼也没有东西吃了。

在这样一副死亡与毁灭的图画中，小鲑鱼看来很难幸免，事实也正是如此。到了八月，那年春天从河床石砾中孵出来的幼鲑，没有一只幸存。一整年的鱼卵，全部化为乌有，前一两年孵化的幼鱼，情况稍微好一点。在1953年孵化的，喷药之后有1/6存活，而在1952年孵化的，都已准备出海了，却死了1/3。

自1950年起，加拿大渔业研究会开始对米兰米契河西北流域的鲑鱼进行研究，这些事实才得以为世人所知。每年他们都要清点河里的鲑鱼数量。这些记录包括逆流而来产卵的成鱼数量，河中各年龄小鱼的数量，及鲑鱼外其他鱼类的数量。因为有完整的记录，才得以准确评估喷药后的损失；这在别的地方是很少见的。

调查结果显示，损失的不只是小鱼，河流本身就受到严重影响。多次喷药已完全改变溪流的环境，而鲑鱼和鳟鱼所食用的水生昆虫全被杀光。就算只喷一次药，也需要很长一段时间这些昆虫才能繁殖到足够数量来供应正常数量的鲑鱼，这时间不是几个月，而是要好几年。

比较小的昆虫，像摇蚊和蚋等，繁殖得很快，适合几个月大的幼鱼食用，但两三岁大的鲑鱼，就需要较大的水生昆虫，但是它们繁殖得却没那么快。这些昆虫包括石蚕、石蝇和蜉蝣等的幼虫。就算喷过 DDT 后第二年，觅食的鲑鱼还是顶多只能偶尔找到一只小小的石蝇。河中既无大的石蝇，也无蜉蝣及石蚕。为了补充这种天然食物，加拿大人试过把石蚕及其他昆虫送到米兰米契河，可以想见，这些昆虫又会被下一次的喷药消灭殆尽。

然而，卷叶蛾的数量，不但没有如预期中的减少，反而不断回升。从 1955 年到 1957 年，新布隆斯威克省和魁北克省各地区都曾多次喷药，有些地方甚至多达三次，到 1957 年，喷过药的范围将近有 1500 万英亩。虽然其后有一段时间暂停了喷药，但因卷叶蛾数量突然回升，所以又在 1960 和 1961 年恢复喷药。事实上，证据显示，喷药只能救急；继续喷药的结果，很不幸地只会是使副作用不断发生。为了减少鱼类的损失，加拿大山林管理官员已经根据渔业研究局的建议，将 DDT 的用量从每英亩 1/2 磅减到每英亩 1/4 磅（美国仍然采用有高危险性的浓度）。目前，经过数年观察喷药结果之后，加拿大人面临一个窘境——倘若继续喷药，对于喜欢钓鲑鱼的人们却没有什么好处。

现今，有个不寻常的情况，使得米兰米契河西北区不致如预期般步向毁灭；这种状况，可能百年内不会再发生。知道事情是怎么发生，及其发生的原因，是很重要的。

如前所述，在 1954 年米兰米契这一支流的遮阴林木受到高剂量的喷洒。之后，除了 1956 年喷过一小块地外，整个地区就再没有喷过药。到 1954 年秋天，有个热带性暴风雨给米兰米契河鲑鱼带来好运，爱蒂娜飓风是个朝北行进的强烈暴风雨，为新英格兰区及加拿大海岸带来大量降雨，大雨把溪水冲入海中，引来数量奇多的鲑鱼。结果，鲑鱼在河床的沙砾中产下很多的鱼卵。在 1955 年春季孵出来的鲑鱼，竟然有理想的环境让他们生存；虽然 DDT 在前一年把河中的昆虫一扫而光，但小昆虫如摇蚊和蚋等很快就又繁殖起来，成为幼鱼的食物。这一年的幼鱼不但有丰盛的食物，而且和它们竞争食物的对象也减少很多，这是因为 1954 年喷药的结果，把年龄较小的幼鱼都毒死了。于是 1955 年的幼鱼长得非常快，存活的数量也特别多，它们在河里成长的时间缩短，从而提早游向海洋。其中有许多在 1959 年回到出生地。

现在米兰米契河西北部的状况还相当好，这是因为只喷过一次药。其他地区则因多次喷药，使鲑鱼数量大幅减少，委实令人惊心。

所有喷过药的溪流中，各年龄层的幼鱼都不多，生物学家报告指出：最小的往往被一网打尽。米兰米契河西南部曾在 1956 和 1959 年喷过药，而 1959 年所捕获的鱼，是十年来数量最少的。渔夫们注意到，游回海洋年纪最小的幼鱼数量极少。从米兰米契河与海洋汇合处所采集的样本可以发现，1959 年幼鲑的数量是上一年的 1/4。1959 年，米兰米契河所有首次入海的幼鲑仅为 60 万只，是过去 3 年的 1/3。

在这样的情况下，新布隆斯威克省鲑鱼业的前途，就在能否停用 DDT 喷洒森林，而找其他替代方法控制卷叶蛾了。

除森林喷药面积和掌握的大量事实外，加拿大东部的情况并不特殊。美国的缅因州有云杉与香枞林，也面临控制森林昆虫的问题。缅因州也有鲑鱼，那是生物学家和生物保护学者费尽心血，在充满工业污染与废料的溪流中，从往日风光时期抢救下来，硕果仅存的一群。虽然人们一直用喷药来对付到处都有的卷叶蛾，受影响的地区并不大，而河中鲑鱼产卵区也尚未受到影响，但据缅因州内陆渔猎管理局的观察，河里的鱼已有不对劲的迹象。

管理局的报告指出，1958 年喷药之后，大哥达溪马上就出现大量奄奄一息的鲫鱼。这些鱼显出典型 DDT 中毒的症状，游泳姿态怪异，在水面喘气，并有颤抖和抽搐的现象。喷药后前五天，在两处拦截网中找到 668 只死鲫鱼。在小哥达、加利、埃达与巴克等小溪中，也有大批鳃鱼和鲫鱼死去。河水中常看到虚弱将死的鱼顺水漂流而下。喷药一个多星期后，还看过好几次眼瞎而垂死的鳟鱼顺流漂下。

很多研究证实，DDT 会造成鱼类失明。加拿大一位生物学家在 1957 年的报告上写道：在温哥华岛北部观察喷药的影响后发现，向来凶猛的小鳟鱼，从溪流中用手就可以抓起来，因为这些鱼在水中只是缓慢地游动，没有逃跑的意图。经检查发现，它们的眼珠上盖有一层不透明的白膜，显然视觉已受到损害或已全然失明。加拿大渔业局的实验室发现，没有被低浓度 DDT 杀死的鱼都表现出眼盲的症状。

凡是有森林的地方，都有现代控制昆虫的手段威胁着溪流中的

鱼类的生存。美国最为人所知的例子是，1955年，发生在黄石国家公园及其附近喷药所产生的后果。那年秋天，黄石河中出现许多死鱼，钓鱼的人和蒙特拿州渔猎管理局人员大感忧心，将近有90英里的河流受到影响，30码长的河流中，就找到600只死鱼，包括棕鳟、鲱鱼及鲫鱼。河中的昆虫——鳟鱼的天然食物，已然消失不见了。

　　森林管理人员宣称，他们依照标准，采用每英亩一磅DDT的剂量是安全的。但喷药的后果足可使任何人相信，这标准显然大有问题。1956年，蒙特拿渔猎管理局和另两个联邦政府机构——鱼类与野生生物管理局以及林务局，展开合作调查；那年蒙特拿州的喷药地区有90万英亩，1957年也有80万英亩的土地喷过药。因此生物学家不愁找不到地方做调查。

　　死亡总是表现出一种典型的模式：森林中充满DDT的气味，水面覆有一层油膜，河中死鱼充斥。无论死活，所有的鱼体内都含有DDT。这和加拿大东岸的情形一样，喷药最严重的一个后果，便是鱼类食用的生物大幅减少。在许多地区，水生昆虫和其他河底生物的数量都减至正常情况的1/10。这些昆虫族群一旦受到破坏，就得花一段很长的时间繁殖回来，而它们对鳟鱼的存活却是非常重要的。纵使在喷药后第一年夏天，也只有极少数的水生昆虫再度繁衍起来；有一条支流，本来充满小生物的，现在却很难找到昆虫，且河里的鱼也减少了8%。

　　这些鱼倒不一定会马上死掉。其实，大部分可能都是慢慢死掉的。蒙特拿州的生物学家发现，正因为如此，可能有很长一段时间都没有人发现问题，多半是在钓鱼季节过后，问题才显现出来。许多死鱼都在秋天产卵季节才出现，包括棕鳟、溪鳟及鲱鱼。这倒不奇怪，因为无论是鱼或人类，在蒙受压力的时候都会从脂肪提取能量来源，也因此使储存于脂肪中的 DDT 毒性释放出来。

显然每英亩一磅 DDT 的剂量，对森林溪中的鱼类构成很大的威胁。此外，管制卷叶蛾的目的并未达成，所以很多地区需要再度喷药，但蒙特拿州渔猎管理局强烈反对再次喷药。管理人员表示："管理局不愿让无谓且效果不佳的喷药计划损害鱼钓资源。"不过他们也宣布，将继续和林务局合作，想办法把反效果减至最低。

但这样的合作，又救了多少鱼？英属哥伦比亚的经验就可以充分说明这一点。该区几年来一直饱受黑头卷叶蛾的困扰。林务局官员害怕又一季的脱叶问题会使树木死亡数增加，于是决定从 1957 年进行管制，并多次和渔猎局协商，渔猎局担心溪流中的鲑鱼会受到影响，林务局同意在不影响效果的情形下尽可能修改计划，以降低对鱼类的危险。

虽然官员们诚心诚意事先防范，但还是有至少 4 条溪流的鱼全军覆没了。

其中有一条河流，40000 条银鲑回来产卵所孵化的幼鱼，几乎全数遭到毁灭。几千条虹鳟及其他种类的鳟鱼，也遭到同样的命运。银鲑的生命是 3 年，而回来产卵的几乎都是同龄的鱼。它们和其他鲑鱼一样，有强烈回归出生地的本能。因此，其他溪流不会有银鲑，也就是说，3 年后就不会有鲑鱼回来了。直到最近，人们用人工繁殖法或其他方法谨慎经营后，才保住了这种具有商业价值的鲑鱼回流群。

要保存森林又保住鱼类，是有办法的。不必把水道都变成死河，

除非我们都已绝望、认输了。我们必须采用目前所知的各种权宜办法，并利用我们的智慧及资源，想其他方法。有记录显示，利用天然的寄生虫管制卷叶蛾，要比喷药有效多了。我们应该充分利用这种天然管制法才是。使用毒性较低的药物也是可行的，或者更好的是，引进能使卷叶蛾致病而又不致影响森林和其他生物网的微生物。我们下面要谈到这些权宜办法以及它们的功效。同时，我们一定要认识到，喷药既非唯一的办法，也并非最好的方法。

杀虫剂对鱼类的危害，可以分为三个部分。第一部分，如我们前面所提到的，和北部森林溪流中鱼类回归出生地以及森林实施喷药的问题有关。这部分几乎完全是DDT的后遗症，另一部分影响的范围就大得多，关系到许多不同种类的鱼——鲈鱼、日鲈、莓鲈、胭脂鲤等等，牵涉到它们所栖息的美国境内各种水域，不管是流动的或静止的。同时，关系到的杀虫剂也几乎包括所有的化学物质，特别是异狄氏剂、毒杀芬、狄氏剂以及七氯等后果最严重。另一个部分，是我们现在必须理性思考未来可能会发生的问题，因为那些能揭发真相的调查研究才刚刚开始，牵涉到咸水沼泽、海湾，以及出海口的鱼类。

不可避免的是，随着新出产的有机杀虫剂逐渐普及，鱼类所受到的损害，将会越来越严重。现代杀虫剂含大量的氯化碳氢化合物，而鱼类对此又特别敏感。将数百万吨毒药洒在地面上，势必有些会进入在陆地与海洋无止境的水循环里。如今，数量巨大的鱼类死亡报告已经非常普遍，美国公共卫生署已经设立了办事处收集各地报告，作为水污染的指示。

这个问题关系到许许多多的人。有 2500 万的美国人把钓鱼当作主要的娱乐，还有 1500 万人偶尔也会钓钓鱼。这些人每年花 30 亿美元在钓照、渔具、船只、露营装备、汽油及住宿上面。任何妨害钓鱼的因素，都将会波及到许多人的商业利益。渔业就是这种商业利益的其中一种，更重要的是，它影响了人们日常食物的来源。内陆和沿海渔场（含出海捕鱼）每年的渔获量估计有 30 亿磅。然而如我们所见看到的，杀虫剂侵入溪流、湖泊、河流与海湾，已对娱乐性及商业性渔业造成重大威胁。

杀虫剂对鱼类的迫害，到处都可以见到。例如，在加利福尼亚州，因为使用狄氏剂去管制水稻潜叶虫，结果损失了 6 万多条鱼，大部分是蓝鳃、日鲈与其他种鲈鱼。在路易斯安那州，因为在甘蔗田使用异狄氏剂，单在 1960 年就有 20 多件鱼类损失惨重的案例。在宾夕法尼亚州，因为在果园使用异狄氏剂对付老鼠，使得大量鱼类死亡。在西部平原高地，因为使用氯丹管制蝗虫，造成许多河流的鱼死掉。

可能在所有农业的昆虫防治计划中，规模最庞大的便是美国南方为了管制火蚁，而喷洒了几百万英亩的田地。主要使用的化学药品是七氯，它对鱼类的毒性略低于 DDT。另一种毒死火蚁的药物是狄氏剂，它对水生生物的毒害是有明确证据的，而异狄氏剂与毒杀芬，对鱼类的危险性更大。

所有管制火蚁的地区，无论喷洒的是七氯还是狄氏剂，对水生生物都造成了惨重的后果。为使大家了解状况，以下引用的是调查损失情形的生物学家所写的报告片段——德克萨斯州的报告说："虽

然尽力保护水道，水生生物还是损失惨重"，"所有洒过药的水域，都有死鱼"，"死的鱼很多，且持续出现达 3 个多星期"。到亚拉巴马州，"喷药后几天内，大部分的成鱼都死了"，"暂时性水域和小溪流，鱼好像全都死光了"。

在路易斯安那州，农民抱怨鱼塘受到损失。有一条运河，在不到 1/4 英里长的河岸或水面上，有 500 条死鱼漂浮在里头。在另一个地方，活的日鲈不到 1/30。另外有五种鱼显然都死光了。

在佛罗里达州，喷药区池塘的鱼，含有七氯的残余及其衍生物——七氯艾扑杀。这些鱼包括日鲈及鲈鱼，都是钓鱼人士最喜欢的种类，也是餐桌上常见的食物。然而这些鱼体内却含有化学药品，就算含量很低，食品与药物管理局也视为非常危险，不适合食用。

由于受毒害的鱼类、蛙类及其他水生生物的情况太过严重，美国专门研究鱼类、爬虫类，以及两栖类的一个很受尊敬的科学组织——鱼类与爬虫类学会，在 1958 年通过议案，要求农业局及州属有关机构，要趁无法弥补的损失发生之前，停止从空中喷洒七氯、狄氏剂，以及同类相关药品。该学会特别要人们注意栖息在美国东南方种类繁多的鱼类及其他生物，尤其是世上其他地方找不到的几个种类，该学会警告说："很多动物只能在很小的范围内生存，因此很容易遭到灭绝。"

此外，使用杀虫剂对抗棉花田的昆虫，也使得南方各州的鱼类受到严重的损害。1950 年夏天是亚拉巴马州北部种植棉花区的灾难季节，在那年之前，人们只用有限剂量的有机杀虫剂毒杀棉花象鼻虫。但是在 1950 年，由于连续几年冬天气候都很温暖，致使象鼻虫数增加。据估计，大约有80％到95％的农民，被地方政府机关怂恿使用杀虫剂。最受欢迎的是毒杀芬，这是对鱼类毒性最强的一种化学物质。

那年夏天经常下雨，且雨量很大，把杀虫剂都冲到溪水中，使农人又喷洒了更多杀虫剂——每英亩棉花田平均用掉63磅毒杀芬。有的农民用量高达每英亩200磅；更有一位农民，热情过度地每英亩用掉500多磅毒杀芬。

后果是可以预见的，火石溪的遭遇就是这地区典型的代表，这条溪在亚拉巴马州的棉花田流过50英里后，进入怀勒水库。在8月1日，倾盆大雨落入火石溪。同时，雨水也落入棉花田，形成小池、细流，最后泛滥成灾，大水流入溪水中，使火石溪水位上升6英寸。隔天清晨，迹象显示除了水以外，还有其他物质流入溪中，鱼儿在水面没有目的地兜圈子，偶尔有几只会跳上岸边；捉它们非常容易，有个农人捉了几条，放入泉水池。在泉水中，有几条恢复过来，但是在溪流中，整天都有死鱼漂浮。这只是前奏，因为每一次下雨就有更多杀虫剂冲入溪水中，杀死更多的鱼。8月10日的雨水使溪中的鱼大量死亡，以致存活的已经不多，到了8月15日，雨水又把毒药冲刷入溪水中时，溪中的鱼已经所剩无几。把养在水箱中的金鱼放入溪水中，金鱼不到一天便死掉了，证实溪中含有毒死鱼类的化学物质。

在火石溪惨遭毁灭的鱼，就包括许多钓鱼人士喜爱的白莓鲈。火石溪流入的怀勒水库，使众多的鲈鱼和日鲈死亡。其他种类的鱼损失也很大，包括鲤鱼、牛脂鲤、石首鱼、鳔鱼和鲸鱼。这些

鱼一只都没有染病的迹象，只有濒死时出现的反常行为和奇怪的紫红色鱼鳃。

在农场水池附近喷药，对鱼类的危险可能更大，很多例子显示，毒物是由雨水和邻近土地的流水带进来的。有时，不仅受污染的污水引进毒物，池塘也可能直接受到喷洒，因为飞行员在飞越池塘时不知道要把喷药管关掉。就算没有这类直接喷洒的情形，单是平常农业上的用量，就比能杀死鱼类的剂量高出许多。换句话说，就算大大减低用量，对鱼类也无帮助，因为只要池塘中每英亩超过 0.1 磅的剂量，就有危险。而毒品一进入水中，就难以去除。有个池塘曾被施放 DDT 以去除不要的小银鱼，但经过多次换水后，仍旧把其后饲养的日鲈毒死了 94%，显然化学药剂仍然留在池底的泥巴里。

目前的情况并不比刚开始用现代杀虫剂时好多少。俄克拉荷马州的野生生物保育局指出：有关农场小池及小湖鱼类死亡的案例，以前是每周至少一桩，而这种案子现在却越来越多，主要原因都是这几年一再重复发生的——施放农药，大雨再把农药冲到池塘中。

世界上有些地区的池塘养的鱼是不可或缺的食物。在这些地区，使用杀虫剂而未考虑到对鱼的伤害，马上就会造成问题。例如罗德西亚(位于非洲中南部)有一种重要的食用鱼，叫作加夫亚鲷鱼。这种鱼在浅水池中只要接触到 0.04ppm 的 DDT 就会全部死光。而其他更低剂量的杀虫剂，也能毒死这些鱼。它们所生存的浅水池，是蚊子着生的温床；要控制蚊子的数量，又要保全中非洲的主要食物来源——加夫亚鲷鱼，显然还没有令人满意的解决办法。

在菲律宾、中国、越南、泰国、印度尼西亚及印度的虱目鱼养殖，也面临类似的问题。虱目鱼都养在这些国家沿岸的浅水池中。小鱼群会突然出现在沿岸海水中，没有人知道从哪里来，人们就把它们网起来，放入池塘中，让它们长大。这些鱼是东南亚及印度数百万以米为主食的人重要的动物性蛋白质来源，所以太平洋科学会曾建议国际组织协力寻找未为人所知的产卵地，以大规模养育这些鱼。然而，喷药让现有的池塘受到巨大的损失。在菲律宾，为杀灭蚊子而施放杀虫剂，已使池塘的养殖者损失惨重。有一个池塘养有12万虱目鱼，在喷药机喷洒过后，死了一大半，池主虽竭力换水，稀释毒素，也是白费工夫。

近年来场面最壮观的鱼群暴毙事件，是1961年发生在德州奥斯汀下游的科罗拉多河。在1月15日星期天，天刚亮没多久，有死鱼出现在奥斯汀的新城湖以及离湖5英里远的河中，这在以前从未发生过。显然有一批毒性物质流入河水中，到了1月21日，湖的下游100英里，靠近拉格兰镇的地方，也有死鱼出现。一个星期之后，毒物已流到奥斯汀下游200码的地方施展威力了。在一月的最后一星期，水闸便关闭了，为了防止毒水流入马达哥达湾，并将其引入墨西哥湾中。

同时，奥斯汀的调查人员注意到，有一股类似氯丹与毒杀芬的味道，从其中一个排水管排出来的污水味道特别强烈。过去这个排水管就曾因工业废水而引起麻烦。当德州渔猎管理局沿着水管追踪时，发现有六氯化苯的气味从一家化学工厂散发出来。这家工厂的

主要产品是 DDT、六氯化苯、氯丹、毒杀芬，以及少量其他杀虫剂。工厂的经理承认，最近曾把一些粉状杀虫剂冲入下水道，而且，更严重的是，他表示在过去 10 年中，像这样把杀虫剂冲入下水道是常有的事。

　　经过渔猎局人员进一步追踪调查后发现，其他工厂也会在雨水冲刷或一般清洁用水的排放下，把杀虫剂冲入下水道。最后谜底解开，原来在死鱼出现前几天，有人为了清除整个水道系统的残余药物，用数百万加仑的水以高压冲入下水道。毫无疑问，这一冲就把累积在沙砾、细沙和碎石中的杀虫剂冲洗出来，让水流带进湖中，以及河水中。化学试验证实，河水中果然含有杀虫剂。

　　随着致命的物质顺着科罗拉多河漂下，死亡也跟随其中。距湖下游 140 英里以内的鱼，几乎全被毒死。用拖网网鱼来调查有多少鱼幸存时，发现网内是空的，死鱼有 27 种，每一英里河岸大约有 1000 磅死鱼。其中有主要的钓游鱼种河鲶，以及蓝鲶鱼、平头鲶鱼、大头鲶鱼，4 种日鲈，小银鱼、黄尾鳞鱼、大口鲈鱼、鲤鱼、鲻鱼、胭脂鲤、鳗鱼、雀鳝及鳔鱼等等。从死鱼的大小来看，有些可能年岁已高，是鱼族长老；当地人在河边捡到的鱼中，有的平头鲶鱼超过 25 磅，还有 60 磅的，更有一条巨大的蓝鲶鱼，官方记录是 84 磅。

　　渔猎管理局推测，即使没有进一步的污染，河里鱼类的族群数量也可能会一直改变。有些种类(那些仅在自然区域中生存的种类)可能永远都不会自行恢复，而有些只能靠州政府努力地人工培养，才能再度繁衍。

奥斯汀这些鱼类的遭遇，后续的灾难远远没有结束。掺有毒素的河水，在下行 300 英里后仍有致死的威力，人们认为，让这些水进入马塔戈达湾太危险，因为这里有牡蛎和虾养殖场。于是，有毒的河水被引入墨西哥湾开放水域。毒素在那里的影响又是如何？其他同样有毒的水流又会产生什么影响？

目前，我们对这些问题的解答仅止于猜测，但河口、咸水沼泽、海湾及其他沿岸水域的杀虫剂污染问题，却令人越来越担心。这些水域不仅要接受带毒的河水，有时为控制蚊虫，还会遭受直接喷药。

杀虫剂对咸水沼泽、河口，及一切小海湾的影响，没有一个地方比佛罗里达州东岸的印第安河村更严重的了。在 1952 年春季，圣路斯郡为了消灭舞蝇的幼虫，而在 2000 多英亩的咸水沼泽内施放狄氏剂，所用的浓度是每英亩 1 磅；结果对水生生物造成很严重的影响。州政府卫生局的昆虫研究中心调查喷洒结果后，在报告上说：鱼类被毒死得相当彻底。海岸上到处都是死鱼，从空中可以看到鲨鱼被垂死的鱼所吸引，而往海岸行进。没有一种鱼得以幸免，其中包括鲻鱼、婢鲈、银鲈及大肚鱼。

调查小组的哈灵顿和碧林·马耶在报告中写道："除了印第安河岸，整个沼泽猝死的鱼至少有 20 到 30 吨，大约有 117.5 万条鱼，其中至少有 20 种不同种类的鱼。"

狄氏剂对软体动物似乎没有影响，但是甲壳类动物的确全被消灭了，水栖性蟹类显然也遭到灭绝，只剩下招潮蟹在沼泽小块区域苟延残喘，显然这些区域是喷洒药物漏掉的地方。

比较大的鱼死得最快。蟹类攻击那些奄奄一息的鱼，不过隔天它们自己也死了。蜗牛不断啃食死鱼，两星期后，横尸遍地的死鱼已然不见任何踪迹。

已故的米尔斯博士观察佛罗里达州西岸的谭帕湾时，也做过同样沉痛的描述。国家奥杜邦学会在当地设了一处海鸟保护区，包括威士忌湾在内。在当地卫生局实施计划扑灭咸水蚊子之后，该保护区竟然成了可悲的收容所，同样地，鱼、蟹类是主要的牺牲品；小巧美丽的招潮蟹常像吃草的牛群一样，成群结队地越过泥地，这时全然没有抵抗喷药的能力。经过夏、秋季几次连续喷药后(有些地区喷药次数多达 16 次)，米尔斯博士如此总结招潮蟹的下场："这回招潮蟹的数量减少得非常明显。按这一天(10月 12 日)的潮汐和天气状况，本来应该有 10 万只左右的招潮蟹出现的，海滩上看到的却不到 100 只，而那些不是死就是病，不断颤抖、抽搐、跌倒，几乎不能爬行，但邻近没有喷药的地方，仍有许多招潮蟹。"

招潮蟹在生态界是不可或缺、无法替补的。它们是许多动物重要的食物，海岸的浣熊、生活在沼泽地的鸟，如秧鸡等，甚至远道而来的海鸟，都以它们为食。新泽西州一个咸水沼泽在喷过DDT 后，笑鸥的数量在几周内便减少了 85%，想必是因为找不到食物的原因。招潮蟹在其他方面也很重要，它们吃动物腐肉，而且会在泥地钻来钻去，使沼泽通气。它们也是钓鱼人士不可或缺的鱼饵。

在沼泽和河口遭受杀虫剂威胁的生物，不仅仅是招潮蟹，其他对人类有明显重要性的生物也有危险。却沙比克湾及其他大西洋沿岸地区著名的蓝蟹，就是个例子。这种蟹对杀虫剂非常敏感，凡在溪流、沟渠及沼泽地带的池塘喷药，就会把在那里栖息的大部分蓝蟹杀死。不只当地的蓝蟹死掉，其他从海洋进入喷药区的生物也会被毒死。有时中毒是间接的，如在印第安河附近的沼泽，蟹若吃了濒死的鱼，很快也会中毒。至于对龙虾的危害，知道的并不多。不过，龙虾和蓝蟹同属节肢动物，必然有一样的生理结构，所以应会受到同样的影响。至于石蟹或其他甲壳类动物等对人类有直接经济价值的动物，也是一样。

沿岸的水域，如海湾、河口及潮水形成的沼泽等，形成一个非常重要的生态系统，和许多鱼类、软体动物及甲壳类动物也是密不可分的，如果这些区域不再适合栖息，这些海产食物也会从我们的餐桌上消失。

即使在海中生活的鱼类，也有很多要依赖受到保护的近岸水域来产卵和养育幼鱼。佛罗里达州西海岸南方 1/3 处，密布红树林的溪流与运河中，就有为数不少的海鲢幼鱼。大西洋海岸上纽约以南海岸外的海岛，形成一条像保护链似的形状，褐鳟、鳃鱼、石首鱼就在这些海岛的浅滩处产卵。孵出的小鱼，就由潮水带到海湾。在海湾中，幼鱼由于有丰富的食物而迅速长大。如果没有这些温暖、具有保护作用，而且食物丰富的地方，这些鱼及其他种类的鱼将无法维持族群数量。然而，我们却让杀虫剂借着河水或直接喷洒进入它们的体内，而这些幼鱼对化学药品又比成鱼更加敏感。

小虾也得依赖沿岸水域觅食，光是一个品种，只要产量丰富，繁殖范围广泛，就能满足大西洋南部及墨西哥湾各州整个商业渔场的需求。小虾在海中孵化，大约在几个星期之内就进入河口及海湾，进行一连串的蜕变。它们从五、六月一直待到秋天，以水底的腐屑为生。在这段过程中，虾的繁殖及其相关工业的兴盛，就看河口的条件适不适合小虾的生存。

杀虫剂对捕虾业及其市场有威胁吗？也许从美国商务渔业局最近的实验就能得到答案。刚刚过完幼虾阶段的小虾，对杀虫剂的抗药能力非常弱——单位不能用一般的 ppm，而要用 ppb① 来计算。例如：在一个实验中，浓度仅 15ppb 的狄氏剂就能毒死半数的虾。其他化学药品毒性甚至更强，异狄氏剂只要 0.1ppb 就把半数的虾毒死了。

同样，幼蚝和幼蚌最容易受害。这些软体动物分布在新英格兰到德州的海湾、河域，以及太平洋海岸地区。但它们会把卵产在海洋，在那里幼体在几周时间内就可以自由活动了。夏日在船后施网，除了浮游的动物外，还可以网到细小、如玻璃般脆弱的幼蚝与幼蚌。这些透明、比砂粒大不了多少的小东西在水面上游泳，以微小的植物为食。如果没有这些植物，幼蚝和幼蚌便会饿死。但杀虫剂可能会大幅消灭这种浮游植物。一般用在草坪、农耕地、马路旁，甚至海岸沼泽的除草剂，对植物性浮游生物的毒性极为强烈，有些只需

---

① ppb：part per billion 的缩写，表示液体浓度的一种单位符号，一般读作 1/10 亿，十亿分之一。

用到几个 ppb。

至于小软体动物，则仅需极小量常见的杀虫剂就能把它们杀死。就算接触的量不会立即致死，最后也是会导致死亡，因为它们的成长会受到阻碍，这是不可避免的。成长期一延长，就得在受到污染的浮游世界停留更久，因而减少了它们长成的机会。

就成年的软体动物而言，直接中毒的危险性显然比较小，至少就某些杀虫剂而言是这样。这并不是说我们就可以放心使用。蚝、蚌类可能会在消化器官与其他组织中聚积毒素，这两种贝类动物人们通常都是整个吃进去，有时甚至生吃。商务渔业局的贝勒博士指出，我们可能有着与知更鸟一样的处境。他提醒我们，知更鸟并不是直接被 DDT 毒死，而是吃了体内积聚有 DDT 的蚯蚓。

为了防治昆虫而直接导致数以千计的鱼类或贝类动物死亡，实在令人触目惊心，杀虫剂从溪流及河川间接进入河口，可能造成的后果虽然还未为人所知，但最后可能会带来更大的灾难。整个事件充满了各种谜题，却没有一个令人满意的答案。我们知道从农场和森林流出含有杀虫剂的污水，或许正由所有的主要河川带进海中，但是我们并不知道其中所含有的化学药品的种类，也不知道它的总量。同时，我们目前也没有可靠的方法，也未曾在海中已高度稀释的状况下，检验这些化学药品。虽然我们知道在漫长的水流行进过程中，化学药品必然产生变化，但是我们并不知道这变化会使化学药品毒性更强还是减弱。另一个还没有人探讨的问题是化学药品之间的反应，这些物质进入海洋后，会和许许多多矿物质混合。所以

这一问题变得尤其紧迫，唯有详尽的研究，才能有确切的答案，但这方面的研究经费，却少得可怜。

淡水和咸水渔场都是重要的资源，牵涉到许多人的利益和福祉，但是现在却严重受到化学药品的威胁，这已是毋庸置疑的事实，如果每年花在开发毒性更强的化学药品上的经费，能有一小部分挪用在建设性的研究上，我们就能用比较不那么危险的物质，使水道不再受到污染。公众何时才能充分地认清事实，从而要求这样的行动呢？

鉴赏与思考

凡是有森林的地方，都有现代控制昆虫的手段威胁着溪流中的鱼类的生存。从作者分析到的各地的实验报告可以看出，不管是美国、加拿大、英国，甚至中国、菲律宾和印度等全世界大部分国家都在遭受这样的危害。鱼儿们被毒死，水质被污染，人类正在慢慢吞咽自己种下的苦果。

思考 是不是要等到鱼类彻底从我们的餐桌上消失之后，人们才会认清这个事实呢？

第十章

祸从天降

名师带你读

消灭火蚁是经过谨慎思考还是只是农业部门的贸然行动？你知道消灭火蚁和舞毒蛾的行动导致了哪些灾祸的降临吗？

最初空中喷药的规模很小，只限于农地和森林，但现在的范围与用量已增加很多，以至于英国一位生态学家称它是落在地表上的"惊人的死亡之雨"。我们对毒药的态度，已有微妙的改变，以前装毒药的容器上都有骷髅和两根大腿骨交叉的标志，需要用毒药的机会并不多，偶尔需要用时，就很小心地对准目标施用，而不让其他无辜的东西沾到。自从第二次世界大战之后，新的有机杀虫剂问世，又有大批战后剩余的飞机可供人使用，人们就忘了所有对毒药应有的谨慎态度。虽然现今的毒药比以前任何一种都危险，人们却

肆无忌惮地将它们从天空撒下来，在药物降落的范围内，不只是昆虫或植物等是喷药目标，所有一切——包括人类，都可能受到毒害，而喷药的对象不仅是森林和耕地，连市镇也包括在内。

动辄在数百万英亩的空中喷洒致命药物，许多人很不以为然，而20世纪50年代末期的两次大规模喷药更增加了人们的疑虑。这两次喷药的其中一次是美国东部各州为消灭舞毒蛾而施行的，另一次是为了消灭南方的火蚁。这两种都是外来的昆虫，但是来到美国已经有很多年，从来没有肆虐到必须不择手段消灭它们的地步，然而，基于美国农业局为达目的可以不顾一切的一贯作风，突然间大家便开始用激烈的手段对付它们。

从舞毒蛾防治计划可以看出，未经三思即采用大规模的喷药对策，而不用温和、局部处理方式，将造成浩大的损害。针对火蚁的计划就是严重夸大行动必要性的典型例子，完全不了解消灭目标所需的剂量，也不知道对其他生命造成的影响。结果，两个计划都没有达到目的。

舞毒蛾源自欧洲，在美国已经近一百年了。在1869年，一位法国科学家屠维乐，在马萨诸塞州美佛镇的实验室中，试图让舞毒蛾与蚕杂交，结果有几只舞毒蛾不小心飞了出去，渐渐地，舞毒蛾便遍及整个新英格兰区。助长它们扩展的主要因素是风；舞毒蛾幼虫很轻，可以轻易让风带到又高又远的地方，另一扩展的方式是附有蛾卵的植物由人运送到了各地。舞毒蛾是以卵的形式过冬的，每年春天，幼虫有好几个星期不断啃食橡树及其他落叶树的叶子。除了新英格兰区，舞毒蛾偶尔也在新泽西州肆虐，1911年一批从荷兰运来的云杉树把它们带了进来。此外，在密歇根州也曾发现舞毒蛾，但这些舞毒蛾不知道是从哪里来的。1938年新英格兰区一场飓风，把舞毒蛾带到宾夕法尼亚州和纽约州，由于阿弟隆德山脉的阻碍，使它们无法继续往西扩张，此外，那里的树木种类也不吸引它们。

人们想了各种方法，已经成功地把舞毒蛾限制在美国东北部的地区，近一百年间，自从舞毒蛾进入美洲，大家就担心它们会侵入阿帕拉契山南方的落叶森林，但是这种事并没有发生。新英格兰区已从外国引进了13种寄生虫和捕食舞毒蛾的昆虫，而这些昆虫也都在新英格兰繁殖得很好。美国农业局成功地降低舞毒蛾为害的程度与频率，可能说是这个策略的功臣，这种天然防治法，再加上严厉的海关检疫措施和局部喷药，已达到农业局1955年所称的"大大限制了舞毒蛾的扩张与危害程度"。

然而，这种令人满意的状况不到一年，农业局的植物病虫害防治处就展开另一个计划，每年要喷洒数百万英亩地，为了"根除"舞毒蛾。（"根除"的意思是，把所有舞毒蛾彻底消灭。但连续好几个计划都失败了，使得农业局不得不考虑在同一地区一而再，再而三地喷药以"根除"舞毒蛾。）

农业局一开始是野心勃勃地对舞毒蛾发动化学战。在1956年，宾夕法尼亚州、新泽西州、密歇根州与纽约州喷洒了将近一百万英亩的土地。很多喷药区内的人提出受损的控诉。当如此大规模喷药反复发生时，生物保育人士便开始忧心了。1957年，农业局宣布即将喷洒300万英亩的地区，反对的声音更多了。但州政府与联邦政府官员一致对人民的抱怨不屑一顾，觉得私人意见不值一提。

　　长岛是 1957 年喷药地区的一部分，区内主要是人口密度高的市镇、郊区，以及为咸水沼泽所包围的海岸区。长岛的纳苏郡是纽约州除纽约市外人口密度最高的郡。有人认为"纽约市区已经被舞毒蛾侵袭，需要进行喷药"，真是荒谬到了极点。舞毒蛾是森林里的昆虫，当然不会住在都市里，也不会住在草地、耕地、花园或沼泽里。然而，美国农业局和纽约农业与市场局在 1957 年，雇用飞机，在喷药范围一概洒下溶于机油的 DDT。他们喷洒了菜园、奶酪农场、鱼池和咸水沼泽，以及郊区 1/4 亩大的空地；也把一位正忙着在呼啸的飞机到来前要把她的花园盖起来的家庭主妇淋湿了；又把 DDT 洒向正在玩耍的小孩和火车站等车的人。在施杜基，一匹优秀的赛马在刚被喷过药的马场上喝水，10 小时后就死了。汽车都被喷得油渍点点，花儿和灌丛被毁。鸟类、鱼类、蟹类以及很多益虫都被杀死了。

　　世界闻名的鸟类学家墨菲，率领一群长岛居民请求法院颁布禁令，阻止 1957 年的喷药计划。起先法院拒绝了，使得居民被迫遭受 DDT 带来的祸害。但居民一再坚持请愿，要求永久的禁令。由于计划已经报行，法院判决请愿无效。这案子一直上诉到最高法院，但被拒绝处理。法官道格拉斯对法院不听审这件案子发出了强烈质疑，他认为许多专家与负责官员都对 DDT 的危险提出警告，加强了本案对大众的重要性。

　　长岛居民的请愿案，至少使大众注意到杀虫剂有遭到滥用的趋势，也使他们知道，政府官员的权力很容易侵犯到人民的财产权。

　　在防治舞毒蛾的过程中，牛奶和农产品受到污染，倒是很多人没有想到的。纽约州韦斯切斯特郡北部，有个200英亩大的华勒农场。从当地所发生的事，我们可略知二一。华勒太太特别要求农业局官员不要喷洒她的土地，但是喷洒林地就不可能不喷到牧场，她自愿检查看看有无舞毒蛾，并用局部喷洒方式消灭它们。虽然农业局向她保证不会喷到她的农场，她的土地还是受到两次直接的喷药，此外还有两次有喷药从邻近地区飘散过来。48小时之后，从华勒农场乳牛所取的牛奶样本中，发现含有14ppm的DDT。乳牛所吃的牧草，当然也受到污染，虽然这件事已经告知了郡卫生局，但是牛奶并未被禁止出售。这种对消费者毫无保障的情况，实在太过普遍。纵然食物与药品管理局规定牛奶中不准含有杀虫剂残余，却从没有严厉执行，而且禁令只适用于州际交易。州与郡政府官员不必强制执行联邦政府对杀虫剂订立的规定，除非当地设有相关法规，但是这种情况很少。

菜农也受到波及。有些菜叶上出现焦黑的斑点，无法拿到市场销售，有些蔬菜含高浓度的农药残余；康乃尔大学的农业试验所在查验青豆样本时，发现含有14—20ppm的DDT。法定最高浓度是7ppm。因此，菜农得蒙受重大损失，或者非法把这些含有高浓度残余的菜卖出去，有些人控告政府，得到了赔偿。

随着空中喷洒DDT的次数增加，控告政府的案件也越来越多。其中有一些来自纽约州许多地区的养蜂人。在1957年喷药之前，养蜂人就曾经因为果园喷洒DDT而受到重大损失。一位养蜂人沮丧地说："到1953年为止，美国农业局和农学院发布的一切，我都当福音看待。但是那年5月，州政府喷洒一大片区域后，我损失

了 800 箱蜜蜂。"由于损失太过惨重，且牵涉范围太大，另有 14 位养蜂人和他联合控告州政府，要求赔偿 25 万美元。还有一位养蜂人，在 1957 年喷药后，他损失了 400 箱蜜蜂，工蜂在林区采集花蜜时被消灭得一干二净，而在喷药次数较少的农耕地，损失也有将近 50％。他写道："五月天走到后院，却听不到蜜蜂嗡嗡叫，实在是令人非常难过的事。"

喷洒舞毒蛾的计划在许多方面，都显得太轻率。由于飞机是按药量计酬而不是按面积计酬，所以喷药时没想到要节省，而且很多私人土地还被喷了不止一次。空中喷药的合同被州外的公司拿下，所以他们没有按照规定去州政府注册以明确法律责任。在这种责任不明确的状况下，果园和蜜蜂受损害而遭受直接经济损失的人们发现无人可告。

经过 1957 年惨痛的喷药事件后，这计划突然中断，官方只含糊宣称为了衡量喷药结果，并试用其他的杀虫剂。1957 年共喷洒了 250 万英亩地，到 1958 年减至 50 万英亩，而到 1959、1960 与 1961 年，又降至 10 万英亩。在此期间，防治单位一定对长岛传来的消息感到不安，因为舞毒蛾卷土重来，数量惊人。防治舞毒蛾的计划，本来是要把所有舞毒蛾永久性地一举消灭，结果不但使大众对政府失去信心，实际上什么目的都没有达成。

就在这时候，农业局的植物病虫害防治人员暂时忘却了舞毒蛾，因为他们正野心勃勃地在南方展开另一个计划。这些人还是常把"根除"这个词挂在嘴上；这回向新闻界应许的，是要根除火蚁。

火蚁之所以如此让人反感，是因为被它们咬到会感到刺痛。它们似乎是经由亚拉巴马州的莫泊港，从南美洲进入美国的。第二次世界大战后没过多久，就有人在那里发现了火蚁。到 1928 年，火蚁已经扩展到莫泊港郊区，之后又继续扩张，目前已侵入南方各州大部分地区。

火蚁进入美国的 40 多年以来，大部分时间都没有人注意到它们。火蚁数量最多的几个州之所以不喜欢它们，主要是因为它们会建造一尺多高的大蚁冢，妨碍农机作业。但只有两个州将火蚁列为 20 大重要害虫之一，且其排名也是殿后的。似乎没有人认为火蚁对农作物或家畜有危害。

随着化学药品的发展，其强力的毒性使政府官员对火蚁的态度产生了巨大的转变。在 1957 年，美国农业局向大众进行了一场前所未有的宣传活动，火蚁突然间变成众矢之的，官方发布了文件、电影及政令宣传，谴责火蚁破坏南方的农业，杀害鸟类、家畜及人类。于是联邦政府与各州政府联合宣布推动一个大计划，将在南方 9 个州喷洒 2000 万英亩的土地，来消灭火蚁。

1958 年，一份商业杂志在火蚁计划开始进行后兴高采烈地报道：“美国的杀虫剂制造业显然大走鸿运；美国农业局进行了越来越多大规模的害虫防治计划，生产商从中可以稳赚一大笔钱。”

除了走鸿运的生产商外，每一个人都异口同声地严厉谴责这个计划，而此计划也真是罪有应得。这是个构想拙劣、执行不当、大规模防治虫害彻底失败的标准例子，耗费大笔资金、毁灭生命，还使农业部失去公众信任。令人不解的是，竟然还有资金投入进来。

国会一开始之所以会支持这个计划，是因为听信了不可靠的证

词。人们说火蚁对南方农业构成严重威胁，因为它们会破坏农作物，对野生生物有害，因为它们会攻击平地上鸟巢中的小鸟，此外，被火蚁咬到会严重影响健康。

这些说法可靠吗？农业局要求拨款的证词和其出版的主要刊物说法并不吻合。1957 年出版的公报《为控制昆虫损害农作物和牲畜的杀虫剂建议》里，并未提到火蚁；如果农业局相信自己的宣传，这种遗漏就太不寻常了。此外，其 1952 年的年鉴虽以昆虫为主题，全本约 50 万字中却只有一小段文字提到火蚁。

亚拉巴马州的农业试验所对火蚁进行了仔细的研究，其结果与农业局所宣称的大相径庭。据科学家表示，火蚁对植物的破坏一般而言并不常见。亚拉巴马州工学院的昆虫学家，也是美国昆虫学会1961 年的会长亚兰博士表示：他的系所在过去五年中从未听过火蚁破坏植物的事……也没有人看过火蚁伤害家畜。这些研究人员确实在野外及实验室观察火蚁，他们说火蚁吃很多种类的昆虫，其中有很多是害虫。有人看过火蚁在运送棉花象鼻虫的幼虫。它们建蚁冢的活动，也有助于土壤通气和排水。亚拉巴马州的研究，已被密西西比州立大学的调查结果所证实，这比农业局的证据要可信得多。后者的证据显然来自老旧的研究结果，或是与农人谈话得来的，这些农人可能很容易就把火蚁和其他种蚂蚁搞混。有些昆虫学家相信火蚁数量在增加以后，可能所吃的食物有些改变，因此几十年前的观察，如今已经没什么价值。

火蚁威胁健康和生命的观点是人为创造的。在一部农业部赞助的宣传电影(意在为计划争取支持)里，围绕火蚁制造了一个个恐怖的镜头。当然被火蚁叮了是很痛的，所以要尽量避免，就好像避免被蜜蜂蜇到一样。体质特别敏感的人，有时会有严重的反应，医学文献记录中可能有个别因为火蚁咬伤中毒而死的案例，不过这并没有确切的证据。相反，据统计数据显示，单是在 1959 年因蜜蜂蜇死的就有 33 人；然而，并没有人提出要"根除"这种昆虫。火蚁在亚拉巴马州已经有 40 年，且其密度在这个州也是全美最高的，但州卫生局官员公开表示：在亚拉巴马州从没有人因被火蚁咬伤而死的记录。他们认为被火蚁咬伤而产生并发症的例子只是偶然，并不常发生。火蚁在草坪或操场筑巢，孩子们可能被叮，但这绝不是给数百万英亩土地喷药的理由。这种情形，只需要把一个个蚁冢清除就行了。

火蚁对鸟类有害的说法也是没有根据的。对这件事最有资格说话的，就是亚拉巴马州野生生物研究中心的领导人——贝克博士，他在研究中心的所在地奥本已有多年的研究经验。但他的看法和农业局的完全相反。他表示：在亚拉巴马州南部与佛罗里达州西北部，外来的火蚁数量很多，但鹌鹑的数量也都很高，没有受到火蚁的影响……亚拉巴马州有火蚁的这近 40 年间，猎物的数量一直都稳定地不断增加。如果火蚁对野生生物有害，这种情形自然不可能会发生。

而用杀虫剂对付火蚁使得野生生物遭受毒害，则是另一回事了。人们所用的杀虫剂是狄氏剂和七氯，这两种都是新产品，既没有实地使用的经验，也没有人知道大量使用后对野鸟、鱼类及哺乳类会有什么影响，不过有一点是确定的，那就是这两种毒药的毒性都比 DDT

强好几倍。那时候人们用DDT已将近10年，也知道每英亩一磅的低剂量就足以杀死鸟类和鱼类。然而，狄氏剂和七氯的用量却更高，大部分情况下是每英亩2磅；如果也要防治甲虫，就用每英亩3磅的狄氏剂。依据它们对鸟类的效力而言，每英亩土地使用的七氯相当于20磅DDT，每英亩土地使用的狄氏剂相当于120磅DDT！

美国国立与大部分州立保育机构、生态学家，甚至有些昆虫学家，紧急向当时的农业局局长班逊提出抗议，要求暂缓喷药计划，直到查明七氯与狄氏剂对野生动物与家畜的影响，以及防治火蚁所需的最低剂量后才可以实施。结果抗议无效，计划在1958年就实施了，第一年喷洒了100万英亩地，显然此后的任何研究都只能在死寂的自然环境中进行。

随着计划的进行，联邦与州政府机构以及许多大学院校的生物学家便陆续发现，喷药地区的野生动物受到程度不等的伤害，甚至有完全被消灭的现象。家禽、家畜及家庭宠物也被毒死，但农业局认为所有证据都是夸大扭曲的说辞而一笑视之。

然而，这些证据累积越来越多，例如：在德克萨斯州的哈丁郡，北美负鼠、犰狳及许许多多的浣熊几乎在喷药后完全消失。就算在喷药后第二年秋天，仍然很少有这些动物的踪迹。在该区发现的几只浣熊，体内含有化学残余。而且经化学分析，死鸟体内亦含对付火蚁所用的毒药(数量不受影响的，唯有麻雀，在其他地方也证实麻雀似乎对化学药物相当有抵抗力)。亚拉巴马州有个地方，在1959年喷药后，有一半的鸟死去。在地面或矮树上活动的鸟类，则无一幸存，即使一年之后的春天，也没有鸟儿歌唱，适合鸟儿筑巢的地带全部寂然无声。在德州,有黑鸫、黑喉麻雀及草地鹨死于巢中,还有许多鸟巢是空的。鱼类与野生生物管理局分析自德克萨斯州、路易斯安那州、亚拉巴马州、乔治亚州及佛罗里达州送来的死鸟样本后,发现90%以上都含有狄氏剂或七氯的残余,含量高达38ppm。

在路易斯安那州过冬,但在北方繁殖的山鹬,现在体内残留着对付火蚁的毒药。毒药的来源再明显不过,山鹬用它们的长嘴找蚯蚓吃,而蚯蚓等于是它们的主食。路易斯安那州还活着的蚯蚓,在喷药后6到10个月中,发现含有20ppm的七氯;一年后,仍含有10ppm。虽然这个剂量对山鹬不致死,但它导致幼鸟的数量大幅减少,这是在喷药后的繁殖季节才开始发生的。

对南方爱好打猎的人而言,最让人不安的是有关鹌鹑的消息。这种在地面筑巢、觅食的鸟,在喷药区几乎全数遭到灭绝。例如亚拉巴马州的野生生物研究中心在预定实施喷药的一片3600英亩地,调查鹌鹑的数量,发现有13群,共121只。喷药后过了两个星期,看到的鹌鹑都是死的。送往鱼类与野生生物局分析的样本,全部含有分量足以致死的杀虫剂,德克萨斯州也发生同样的事情,一片2500英亩大的地区,在喷过七氯后所有鹌鹑全部死掉了;同时有90%的鸣禽也消失不见了。同样的,死鸟的体内组织中也含有七氯。

除了鹌鹑之外,野火鸡的数量也因为火蚁计划而大为减少。在亚拉巴马州的威可斯郡内的一个地区,喷药前有80只野火鸡,喷药后一只都没有了,只找到一窝孵不出雏鸟的蛋和一只已死的小火鸡。人们养的火鸡可能和野火鸡遭到了同样的命运,农场的火鸡在

喷药后生殖率也降低了，能孵出的蛋很少，而且几乎没有一只小火鸡存活下来。未喷药的地区，就没有这种事发生。

而这种事不只发生在火鸡身上，美国享有盛名、最受尊敬的野生生物学家卡坦博士曾去访问受到喷药的农人，除了谈到喷药后树上所有的小鸟似乎都消失以外，这些人大部分都遭受到家畜、家禽及家庭宠物的损失。卡坦博士提到一个人，"对喷药工人感到非常愤怒，因为他有19条母牛被毒死，以致必须埋掉或处理掉这些死尸，此外他知道另外还有三、四只母牛也是因中毒而死。甚至只喝牛奶的小牛也死了。"

卡坦博士所访问的人，对他们的农地在喷药后发生的事感到很困惑。有位妇人告诉他，她在经过喷药处理的区域附近饲养母鸡，不知什么原因，孵出的小鸡并不多，能活下来的也很少。另有一位谈到，喷药之后他养猪养了整整9个月，却一只小猪都没得到。小猪不是胎死腹中就是出生后就死了。又有一个农人说，他有37只怀孕的母猪，理应有250只左右的小猪出生，然而只有31只。同时，自从喷药之后，他的鸡也就一直养不活。

农业局一直都不承认家畜猝死和防治火蚁计划有关。不过，乔治亚州班布里奇一位兽医波特温医师在看过许多中毒的动物之后，认为动物死亡和杀虫剂有关，他的原因如下：喷药后两周到数月之间，牛、羊、马、鸡、鸟以及其他野生生物开始罹患神经系统方面致命的疾病。只有接触过已污染的食物或水的动物才有问题，养在畜棚内的动物则不受影响，而且唯有喷过毒药以消灭火蚁的地区，才发生这样连实验室检验也查不出病因的事。波特温医师及其他兽医所看到的症状，与狄氏剂或七氯的中毒症状一模一样。

波特温博士又提到一件奇怪的个案：一只两个月大的小牛，表现出七氯中毒的症状。送到实验室检验时，唯一重大的发现就是它的脂肪含有 79ppm 的七氯，然而七氯喷洒已过了五个月了。小牛是吃草中毒的，还是喝母牛的奶间接中毒，或者在胚胎里已经中毒？波特温博士提出："如果是喝牛奶中间接中毒，为何没有人采取预防措施保护小孩，让他们不要喝当地生产的牛奶？"

波特温博士指出一个严重的问题，那就是牛奶的污染，火蚁防治地区内主要是牧场和农耕地。乳牛吃了那里生产的牧草会怎样呢？喷药地区的牧草，势必含有七氯的残余；乳牛吃了牧草，毒物必然会在牛奶中出现。七氯这种由牧草到牛奶的转移现象，在 1955 年已有实验证明过，这是早在火蚁防治计划开始前就有的发现，而不久狄氏剂也发现了同样的现象。

现在农业局每年的出版刊物，已把七氯与狄氏剂列为使牧草不适产乳动物或屠宰用动物食用的化学药品，然而该局的防治单位仍在南方大力推行使用七氯及狄氏剂喷洒牧地的计划。谁在保护消费者，确保牛奶中不含狄氏剂或七氯的残余？美国农业局毫无疑问，一定会回答说，他们已建议乳农在喷药后 20—90 天内避免让牛群进入喷药地区。但是，大部分农场的面积都很小，而喷药面积却是广大的，而且很多化学药物都是用飞机喷洒的，所以有多少人真遵照这项建议来做，令人怀疑；而且药物残余非常持久，政府所建议的期限根本就不切实际。

食品与药物管理局虽然对牛奶含有药物残余感到不满，但却爱莫能助。实施火蚁防治计划的几个州，牛乳工业规模大部分都很小，产品也不销往州外。保护乳品的工作，就落在州政府身上。在 1959 年，有人向亚拉巴马州、路易斯安那州与德克萨斯州的卫生局及其他相关机构官员询问这方面的问题，才发现不但没有人做检验，也没有人知道牛奶里是否含有农药的残余。

在这期间，倒是有人做了一些有关七氯性质的研究，但却是在防治计划开始推行之后。有人去查已发表的研究结果，发现留在动植物体内组织或土壤中的七氯，在短时间内会变成一种毒性更强的物质，叫作"环氧七氯"。环氧七氯通常被解释为七氯的一种氧化物，早在 1952 年食品与药物管理局就发现，给雌鼠喂 30ppm 的七氯，两周后它的体内就积聚了 165ppm 的环氧七氯。

在 1959 年，才有人把这个研究结果从鲜有人知的生物文献中挖掘出来，而食品与药物管理局才采取行动，规定食品中不准含七氯残余或其氧化物。这规定使火蚁防治计划暂时延缓，但是农业局还是继续为此计划争取年度经费。地方性的农业局官员越来越不愿意建议农人使用农药，因为他们的农产品可能无法合法地卖出去。

总之，农业局在推进计划之前，连基本的调查都没做；或者，调查是做过了，却对结果不予理会。他们肯定没有研究过消灭火蚁的最低剂量是多少，经过 3 年使用高剂量喷洒后，他们突然间在 1957 年把七氯的使用量从每英亩 2 磅减到 1.25 磅，之后又改成每英亩 0.5 磅，分两次喷洒，每次 0.25 磅，两次喷洒相隔 3—6 个月。

该局官员解释说，这种积极性改良计划比较有效。如果在计划实施前就知道的话，就不会有之前造成的那样浩大的损失，纳税人也可省下一大笔钱。

在 1959 年，或许为了平息人民对计划日渐升高的不满，农业局免费提供杀虫剂给德克萨斯州的土地所有人，只要他们签合约不向联邦政府、州政府及地方政府要求赔偿。同年，亚拉巴马州政府对杀虫剂所造成的损害极为愤怒，而拒绝继续拨款给这个计划。据一官员表示：此计划是建议失当，构思轻率，策划拙劣，侵犯公家或私人机构管辖范围的典型案例。虽然州政府停止拨款，联邦经费仍不断流向亚拉巴马州，而 1961 年，州政府又被劝服给予少量经费。同时，路易斯安那州的农民越来越不愿意签约，因为使用化学药物对付火蚁显然使侵害蔗田的昆虫数量剧增，此外，火蚁防治计划显得毫无成效。路易斯安那州立大学农业试验昆虫研究中心主任纽森博士在 1962 年春天简述了这可悲的状况：联邦与州政府机构所实施的"根除"火蚁计划，到目前为止完全失败。在路易斯安那州，有火蚁的土地比计划开始前还多。

现在，人们似乎已转用比较理性，也比较保守的方法。佛罗里达州的火蚁，比计划开始前多。该州目前宣布，已全面放弃根除火蚁的计划，而改用集中式的局部防治法。

效果很好而且费用不高的局部防治法，几年前就有人知道了。由于火蚁有筑土冢的习惯，用化学药品个别处理土冢是很简单的事，用这种方法处理每英亩土地只需 1 美元。如果土冢太多，得用机器处理时，可以先用耕耘机把土冢推平，再直接喷洒化学药品；这是

密西西比州农业试验所发明出来的方法，可以去除90—95％的火蚁，而费用每英亩只需0.23美元。至于农业局的大规模防治计划，每英亩大约要用掉3.5美金，是最昂贵、最具破坏力，效果也最差的计划。

鉴赏与思考

本章重点讲述了农业部和政府部门为了消灭火蚁和舞毒蛾而采取的极端盲目的措施——大规模喷药。结果两个计划都没有达到预期目的，却带来了前所未有的大灾难——家畜大量死亡，许多稀有动物被灭绝，而为此花费的经费却是惊人的；揭露了莽撞者和追逐利益的化学品生产商可恶的嘴脸。

思考 人们为什么不采取高效而节约有益的方法？

第十一章

超越波尔吉亚家族的想象

名师带你读

在化学物品的使用上，人类自己有哪些疏忽？在我们常吃的食物中有化学物残留吗？怎样才可以杜绝残毒呢？

世界受到污染，不单只是大量喷洒药物所造成的，事实上，对我们大部分的人来说，更重要的是我们得日复一日，年复一年地频频接触微量的毒药。就好像小水滴日积月累可以穿透硬石一般，从出生到死亡每天要碰到危险的化学药品，终有一天会酿成灾祸。每一次接触毒药，无论剂量有多微小，它都会在我们的体内慢慢累积，也提高中毒的可能性。也许没有人能免于受到这种不断扩展的污染，除非住在与世隔绝的环境中。一般人受商人的劝诱哄骗，不知道自己正被致命的物质所包围，甚至连自己在用毒药都不知道。

　　使用杀虫剂的现象已经普遍存在，任何人走进商店就能买到。买药都需要有医生处方，而买毒性比药品强无数倍的杀虫剂，却轻而易举。对化学药品有一点基本常识的人，只要到超级市场逛几分钟就会感到可怕，就是再勇敢的人也是一样。

　　如果贩卖杀虫剂的地方挂有巨幅骷髅与两根大腿骨交叉的标志，顾客进去时至少会带着一点小心。我们所见到的画面是舒适而愉快的，一排排的杀虫剂整齐地摆放在货架上，腌菜和橄榄就在一旁，还有洗澡和洗衣服用的肥皂。盛着化学品的玻璃容器很容易被小孩够到。如果小孩或大人不小心把容器碰到地上，洒出的化学品可能使喷药人员中毒而抽搐。当然，买的人就把这些危险带到家里去。例如，含有DDT的防蚊药物容器上印有细小的字体，警告人们罐内药剂是压缩的，若碰到高热或火可能就会爆炸。一般家庭包括厨房常用的杀虫剂是氯丹，但食品及药品检验局的药学部主任已经宣布，在房子内喷洒氯丹是非常危险的。有的家用产品甚至含有毒性更强的狄氏剂。

　　厨房用的毒药，既简单又吸引人。铺橱柜用的纸，有白的或其他颜色以配合厨房的色调，而这些纸可能两面都被杀虫剂浸染过。生产商提供说明书，教人如何灭掉小昆虫。只要轻轻一按，就可以把狄氏剂喷雾送入最难接近的地方，如橱柜、角落与地板的细缝中。

　　如果被蚊子、跳蚤或其他昆虫骚扰，我们就用乳液、药膏和喷剂等，涂喷在衣服或皮肤上。虽然有警告说这些化学药品能溶解油漆、颜料及人造纤维，我们却相信它不会透过人的皮肤。为了确保我们能随时随地驱逐昆虫，纽约一家专卖店还为一种袖珍型杀虫剂登广告，说它适合放在皮包内，供我们到海滩、打高尔夫、钓鱼时用。

我们可以在地板上打蜡，蜡里面含有药物，任何昆虫一踏上去保证会被杀死。我们也把泡过林丹这种化学药剂的布，吊在衣柜或衣袋里，或者放在抽屉里，半年内不用担心蛀蛾的破坏。广告上没说林丹有危险，有一种会放出林丹烟气的电子产品，广告上也没说有毒，只说是安全、无味的。然而事实是，美国医学协会认为林丹散发出来的蒸汽太危险，在他们发行的期刊上反对使用此类药物。

农药局在《家庭与花园》的刊物中，教我们把DDT、狄氏剂、氯丹或其他虫蛾杀虫剂喷在衣服上。如果喷太多使衣服上留下白色斑点，可以用刷子刷掉，但是农业局却没要我们小心，该在哪里或该如何把过多的杀虫剂刷掉。如果真这么做，我们可能到了晚上，是躺在喷满狄氏剂，防虫防蛾的毯子下睡觉的。

现在的园艺已和超强的毒药紧密结合。每一家五金行、园艺用品店和超级市场都出售一排排的杀虫剂，以供各种场合使用。不用这些各式各样喷雾剂的人就落伍了，因为几乎每份报纸的园艺版和大部分园艺杂志都把使用这些药物视为理所当然。

使用毒物是这么的普遍，甚至连能立即使人致命的有机磷杀虫剂也被用在草坪和观赏植物上。1960年，佛罗里达卫生委员会认为，有必要禁止没有获得许可、没有达到标准要求的任何人，在住宅区使用杀虫剂。在实行禁令之前，佛罗里达州出现了一些对硫磷中毒致死的案例。

不过，却几乎没有人警告园艺爱好者或屋主，他们使用的物质带有极高的危险性。相反，新药剂却如雨后春笋般不断推出，在草

坪和花园中施放毒药更加方便，也增加园丁接触毒药的机会。例如：把一种瓶状容器装置在水管上，喷水的时候就可以一同把极危险的化学药品如氯丹或狄氏剂喷到草坪上。这种装置不但容易对拿水管的人产生危险，也会危害大众的安全。《纽约时报》因此在园艺版上特别提出警告，使用者应另行安装保护装置，以免毒药因虹吸作用而回流到水源处。鉴于这种设备的广泛使用，给人们的警示又很少，我们还需要问公共水源是否受到污染的问题吗？

毒药对园艺爱好者会带来什么影响，我们可以举下面一个例子。有位医生，是个热爱园艺的人，他每周都定期在他的灌木或草坪上喷药，先是用DDT，后来改用马拉硫磷，有时用喷雾器，有时把瓶状容器装置在水管上。就这样，他的皮肤和衣服经常都被药水喷湿。一年后的某一天他突然昏倒，送医急救。经切片检查，发现他的脂肪积有23ppm的DDT；他的神经也受到永久性的损伤，医生认为不会复原了。后为，这位园艺爱好者日渐消瘦，极度疲乏，肌肉无力，这是马拉硫磷中毒的典型症状。

除了水管外，电动剪草机也可加上施放杀虫剂的装置，在剪草时喷出雾气。于是在都市里，除了有潜在危险性的汽车烟雾外，又加上颗粒微细的杀虫剂经由无知的市民散播出去，更提高了空气污染的严重性。

然而，没有人提到在园艺工作上或家中使用毒药的危险性。商标上的警告文字往往印得很小，很少人会费心去看或遵照指示去做。有一家公司最近调查发现，100个使用喷雾性杀虫剂的人中，知道罐上印有警告文字的，还不到15个人。

住在郊区的人，也不惜任何代价都要把杂草清除得一干二净，有化学药品就是特别设计用来去除这种讨厌的植物，而装这种化学药品的袋子，已几乎成为身份地位的象征。从商品名称根本看不出这些商品的成分和性质，要知道是否含有氯丹或狄氏剂，就必须从袋子上最不明显的部位去看那字体极为细小的文字。五金行或园艺商品店提供的说明书中，不但绝少提到使用这些物质真正的危险性，反而常印上美好家庭其乐融融的图片，满面笑容的父亲和儿子正在为喷洒草坪做准备，而小孩子们在草坪上和狗一起玩闹。

我们所吃的食物是否含有农药残余，这是目前人们一直争论不休的话题，但化学公司不是一概否认，就是认为这是小事一桩，不足挂齿。同时，现在的趋势是，把要求食物不该含农药的人贬为偏执、怪胎或是疯子。在这团众说纷纭的迷雾中，真相究竟是什么呢？

就如常识可判断的，医学上已确定在DDT的时代来临之前（约1942年），人类无论死活，体内都无DDT或其他类似的物质。然而正如前面第三章所提到的，自1954—1956年之间，从一般大众取样得来的脂肪，DDT含量平均大约是5.3—7.4ppm。更有证据显示，从那时到现在，平均含量一直不断上升，而因职业关系或其他因素接触杀虫剂的人，体内含量当然会更高。

一般人若未特别接触到大量杀虫剂，那么体内积存在脂肪内的DDT可能很多来自食物。美国公共卫生服务中心的一个科学小组，为此抽查了餐馆和机关团体的食物，发现每一份样本都含有DDT。根据调查的结果，该科学小组的结论是："完全不含DDT的食物为数甚少。"

这些食物所含的 DDT，可能非常可观。公共卫生服务中心的另一项调查发现，监狱里像煮干果那样的食物，就含有 69.6ppm，而面包竟然含有 100.9ppm 的 DDT！

普通家庭的饮食中，肉类及含动物脂肪的产品，所含氯化碳氢化合物的残余量最高，因为这种化学药品可以溶解在脂肪中，水果和蔬菜的残余比较少。这些化学残余是无法用水洗掉的；最好的办法是，把莴苣或白菜等叶类蔬菜的外层菜叶去掉，水果最好去皮；而烹调并不能破坏这些残余毒性。

食品与药物管理局的规定中，有几样食品是不准含农药残余的，牛奶便是其中的一种。然而，每次抽查都含有残余，最严重的是奶油及其他乳制品。1960 年，该局抽查了 461 件乳制品样本，发现其中 1/3 含有农药残余，致使该局官员表示，情况远比预期的还糟。

这种情况下，要找到不含 DDT 的食物，似乎得到偏远、未开发、尚无便利文明的地方。世上勉强还有这种地方，那就是阿拉斯加北部海岸；不过农药的阴影可能正在逐渐迫近，科学家通过调查当地爱斯基摩人的饮食，发现完全不含化学药剂。无论是新鲜的鱼或鱼干、海狸、白鲸、驯鹿、麋鹿、北极熊及海象等的油，脂肪与肉，或蔓越橘、大覆盆子果及野大黄等，都尚未受到污染。但有一个例外——在希望角发现两只雪鸮含有少量的 DDT，可能是在迁徙旅途中摄入的。

科学家对爱斯基摩人的人体脂肪进行了检测，也发现含少量 DDT 残余。原因很明显，脂肪样品取自那些离开居住地前往安克雷奇市美国公共卫生署医院做手术的人们。该地较为开化进步，医院的食物含和其他大城市一样多的DDT。爱斯基摩人只不过在文明中停留短短几天，就染上了毒素。

现在我们吃的每一顿饭，都含氯化碳氢化合物，如此对农作物大肆喷药，当然会有这样的后果。如果农民小心地遵照说明用药，农产品的残余量就不会超过食品与药物管理局的规定。且不谈这些合法残余量是否真的安全，大家都知道农民用药常常超过应有的剂量，用药时间太接近收成期，在一种农药就能达到效果的情况下却要用到好几种，而且和一般人一样，不看小字体的印刷字说明。

即使化工企业也经常发现杀虫剂误用的现象，他们认为有必要对农夫进行教导。一份重要的化学商务杂志指出：很多农药使用者并不了解，用量超过建议药量将会产生耐药性，而农民都是随兴，毫无计划地在许多农地里喷洒过多的农药。

食品与药物管理局的档案中，就有许多这种滥用农药的记录。下面几个例子便充分显示出情况的严重性，一位农民在快要收成的短时间内，用了8种不同的农药；一名运货商在一批芹菜上使用了5倍于建议剂量的致命对硫磷；尽管药物残留受到禁止，种植户仍在生菜上使用了异狄氏剂；菠菜成熟前一周被喷洒了DDT。

此外，也有些农药污染的情况是意外发生的，许多装在麻袋里的绿咖啡受到污染，就是因为货运车上同时载有杀虫剂。储存在仓库里的食品，常要受到多次DDT、林丹及其他杀虫剂的喷洒，这些喷洒的药可能会穿透包装材料而进入食品中。食品储存得愈久，就愈可能受到污染。

有人要问："难道政府不能保护我们，让这些事不致发生？"

答案是保护的范围很有限。食品与药物管理局在保护消费者不受农药污染方面，严重受到两大限制。第一个是，只管得到州与州之间买卖的食品，在同一州生产销售的食品，无论违规情况多严重，它都完全无权插手。第二个限制是，检查员人数太少，总数不到600名。据该局官员表示，州际间往来的农产品，依现在的设备能抽查的比率远不到1％，这数量在统计上根本就毫无意义。至于在同一州生产销售的产品，情况又更糟糕，因为大部分州在这方面的法律都极不健全。

　　食品与药物管理局所建立的污染最高限量，即所谓的"耐受标准"，显然也有问题。在现有情况下，这个限量给我们的只是像纸一样单薄的安全措施，提供一个假象，好像安全标准设置了，大家就会遵守。至于准许食物中含有一点农药——这里可以有一点，那里可以有一点，这样的安全性，究竟有多少？很多人有充分的理由认为，任何一种毒药在食物中都是不安全的。食品与药物管理局设定耐受标准，是根据动物实验而定立的最高剂量，这剂量远比使动物产生中毒症状的剂量要低很多。这种设定方法原是确保安全，但却忽略了许多重要的事实。实验室里的动物，生活条件都受到严密的控制，只接触到定量的某一特定化学物质，这和人类的生活条件绝然不同。人类接触的化学物质繁不胜举，其种类大都不明，剂量既无法测定，也不能加以控制。即使中餐色拉中，莴苣上7ppm的DDT是安全的，但色拉里还有其他食物，每一样都有其合法农药含量，而所有这些药量，可能只占所接触的农药总量的一小部分而已。像这样从各种食物累积起来的化学物质，分量是没办法测定的。因此，这种设定某一特定农药残余所谓的"安全标准"，可说是毫无意义。

此外，还有其他的问题，耐受标准是在违背食品和药物管理局科学家的正确判断下制定的（后文会提到相关案例），或是在缺乏对某种化学品基本认识的情况下确定的，之后由于得到更准确的信息，会减少耐受值或将之撤销，但此时，公众已经被迫接触危险剂量的化学品几个月或者几年了。七氯起先就有一个耐受标准，后来不得不取消。有些化学药品在注册使用之前，完全没有一套野外使用的分析方法；使得检查人员无法分析到底有没有残余物。这一问题极大地阻碍了"蔓越橘化学品"氨基三唑残留的检查工作。有些分析方法，并不准确，例如，经药物处理的种子如果没有在播种季节结束前用掉，很有可能会变成人的食物。

照这种情形看来，设定耐受标准就等于授予人们污染大众食品的权利，使农民和加工业者成本降低；而消费者只好缴纳税费，供养相关监察机构保证他们不会吃到致死的剂量。但是，鉴于目前农药的使用量和毒性，使监察工作做到位需要投入很大一笔资金，任何议员都不敢拨出如此巨额的款项。最后的结果是，不幸的消费者不但要付税，还要忍受毒药的污染。

有什么办法解决吗？首先要把氯化碳氢化合物、有机磷及其他具高毒性的化学药品耐受标准取消。有人会马上反对说，这样会给农民带来不能负荷的重担。但是，依目前既定的目标来看，如果有可能使用农药而在各式各样的蔬菜水果中只留下7ppm的残余（DDT的耐药标准）或1ppm（对硫磷的耐药标准），或者只有0.1ppm

的狄氏剂，那为什么不再小心一点，不让任何残余留下来？其实，有些农作物是完全不准有七氯、异狄氏剂和狄氏剂残余的。如果有办法实现这些禁令，为什么不扩大至所有作物呢？

　　然而，这种办法也不是真的能解决问题，因为光只是在纸上写着零耐受标准是没有什么价值的。就像我们前面所说的，目前州与州间的食品货运来往中有99%是没受到检验的。食品药物管理局应增强其积极性与警觉性，而增加检查人员数目更是当务之急。

　　但无论如何，这种明知食物被污染，却又派人监督检查的制度，就像刘易斯·卡罗尔笔下的白武士一样——他把胡子染成绿色，却又总是带着一把大扇子，把他的胡子遮住。最终的答案是用危险性较低的化学品，减少误用化学品导致的公共危害。这种毒性较低的化学品已经在市面上出现了，包括除虫菊精、毒鱼酮、雷安尼亚及其他取自植物的物质。人工合成的除虫菊精，也已经发展出来，且一些生产天然除虫菊精的国家已随时因应市场需求而提高产量。我们迫切需要商家在销售时向公众讲授化学品特性，因为市面上售的杀虫剂、杀菌剂及除草剂种类繁多，一般人往往无所适从，无法知道哪些毒性很强，哪些是相对安全的。

　　除了改用危险性较低的农药外，我们也应努力寻求不用化学药品的方向。现在，加利福尼亚州已经在尝试利用针对某种昆虫的细菌引发一种昆虫疾病，用于农业虫害治理。对于这种生物防治方法的扩大实验目前正在进行中。还有其他许多方法既能防治昆虫，又不致在食物上留下农药残余，存在着极大的可能性(参见第十七章)。在这些方法得到广泛关注之前，我们无法从没有人能够忍受的处境中解脱，也无法从噩梦中醒来。就目前的形势看，我们所处的状况比波尔吉亚家族①的客人好不了多少。

鉴赏与思考

作者在前面几章讲到农药杀灭了昆虫、鸟类，污染了土壤、河流，破坏了植被，危害了动物，接下来就该轮到人类了。本章从食物检测的确切数据来着重讲述了食物中的杀虫剂残毒。这是与人类切身利益相关的，谁也无法逃避的问题，也是每个人必须引起重视的问题。

思考 那么在遥远的蛮荒地，没有被杀虫剂污染的地方是不是就不存在毒素残余呢？

---

① 波尔吉亚是意大利 15 世纪的一个有名的家族。这个家族的成员在争权夺利的斗争中，经常用把毒药放在食物里的办法来暗害自己的对手。

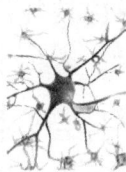

第十二章

人类付出的代价

名师带你读

你知道杀虫剂对人体最重要的毒害是什么吗？两种杀虫剂之间会发生相互作用吗？为什么每一个用过杀虫剂的人症状各不相同呢？

从工业革命时代开始诞生的化学药品，已经像浪潮一般吞噬了我们的环境，严重的公共健康问题也发生着巨大的变化。就在昨天，人类还在害怕那横扫各国的天花、霍乱与鼠疫，而现在我们最关心的，不再是曾经无所不在的病原体。环境卫生的改善、新医药的出现，让我们对传染病已经有了很高的控制能力。今天我们关心的是环境中另一种不同的祸害——随着现代生活方式的发展，我们自己把这祸害引进我们的世界中。

由各种形式的辐射污染及源源不断产生的化学物质所引起的有害健康的环境问题是多方面的。杀虫剂是化学药品的一部分，充斥在我们的四周，其影响是直接也是间接的，其作用可以是个别的也可以是集体的；它们投下一道不祥的阴影，无影无形、昏暗不明，所以是可怕的，因为我们无法预测人一生接触化学药品或放射线会有什么后果，这都不是人类以前曾经经历过的。

美国公共卫生署的普莱斯博士说："我们都在提心吊胆地过日子，怕有什么东西会把环境破坏到一个程度，使人类和恐龙一样成为绝种的生物。更可怕的是，我们可能还得等上20年，才能看到一些征兆。"

在环境造成的疾病中，杀虫剂扮演着什么角色？我们已在前面看到，杀虫剂现在已经污染了土壤、水质和食物，而且其威力能使河川的鱼儿消失，使花园和森林寂静无声，失去鸟儿的踪迹。不管人类怎么觉得自己超越自然，我们始终是自然界的一部分。目前世界各地都受到污染，我们能逃得掉吗？

这些化学药品就算只接触一次，只要剂量够高，就能造成急性中毒。但这并非最主要的问题。农民、喷药工人、喷药飞机驾驶员及其他人因接触过量杀虫剂而突然中毒或死亡，这是很悲惨的事，实在不应该发生。对一般大众而言，更应该担心的是持续不断吸收微量杀虫剂所带来的后果。

几个有责任感的公共卫生署官员已指出，化学药品的作用会长时间累积，后果要视每个人一生中接触的化学物质总量而定。就因为如此，人们常忽视它的危险性，并不把未来可能有的危害看在眼

里，杜波医生就说道："人天生就比较容易被会马上发作的疾病吓倒。然而，其实最可怕的敌人，却是暗中慢慢潜行而来的。"

我们每一个人就好像密歇根州的知更鸟，或米拉米契河里的鲑鱼一样，这牵涉到生态中相互依存的问题。毒死溪流中的石蚕，鲑鱼的数量就会减少；毒死湖里的蚊蚋，则毒药便由食物链一环一环地转移，很快把湖边的鸟儿也毒死。给榆树喷洒农药，下一个春天就不再有知更鸟的歌声。这并非我们直接对着知更鸟喷药，而是毒药借着榆树叶——蚯蚓——知更鸟的循环，一步一步进行了转移。这些现象都记录在案，而且活生生地发生在我们周围的世界。它们反映出生命之网，或者死亡之网，也就是科学家所称的生态。

但我们的身体，也有一个生态世界。在这看不见的世界，微小的一个起因就能产生巨大后果，但这后果往往显得和起因没什么关系，也常出现在离起因很远的地方。

近来一份医学研究现状总结提到，"某一部位的变化，甚至是分子的变化，会影响到整个系统，在看似不相关的器官和组织引发病变。"在人体神奇而美妙的功能运作上，起因和后果通常都不单纯，也很难看到因果关系，很可能在时间、空间上都隔得很远。要追究疾病或死亡的起因，人们必须透过广泛的研究，在各种不同的范畴中，耐心地把许多看起来既不重要也互不相干的小碎片拼凑在一起。

我们惯于找寻显著、立即见效的结果，而忽视其他的。祸害如果没有马上以明显的方式出现，我们就不承认它的存在。研究人员也面临着找不出适当的方法检验危害的起源的困难。在症状出现以前没有办法检测到它的危害，是医学界未能解决的一大问题。

　　有人会反驳说："但我已用狄氏剂喷草坪喷了好几次，从未有过像世界卫生组织喷药人员那样的抽搐现象，所以我还没有受到伤害。"可事情没那么简单。虽然没有突发且剧烈的症状，但使用这类化学药品的人，体内毫无疑问地已经积累了毒素。如前所述，氯化碳氢化合物的贮存是累积性的，从最微量的吸收开始，慢慢积聚在体内所有的脂肪组织中，如果身体消耗掉这些脂肪，毒物可能就会迅速发挥其威力。新西兰一份医学杂志最近提供了一个例子：一个男子在减肥的过程中，突然产生中毒的症状，经检查发现他的脂肪含有狄氏剂，狄氏剂因他减轻体重而被代谢出来。如果因生病而体重减轻，也会有同样的事情发生。

　　不过，物质积存在体内的结果，也可能很不明显。几年前，美国医学协会的杂志强烈警告人们，杀虫剂积存在脂肪组织内是很危险的，对于会在体内累积的化学物质或药品，应该要比不会累积的更加小心。该杂志指出，脂肪组织不仅储存脂肪(约占体重的18%)，也具有许多重要的功能，而积存的毒素可能就会妨碍这些功能的运作。此外，脂肪广泛分布在身体各器官和组织中，甚至是细胞膜的成分，因此我们要记住，脂溶性的杀虫剂会储存在每一个细胞中，影响着身体最重要的氧化反应及能量生产等功能。该问题的重要性，将会在下一章讨论。

　　氯化碳氢化合物对身体的危害中，有一点很重要，就是它对肝脏的影响。肝脏是身体所有器官中最特别的，没有哪个器官像肝脏那样具有多面的功能，那么不可或缺。很多重要机体活动都由肝脏控制，因而即使受到极小的伤害，也会引发严重的后果。

它不仅提供用于消化脂肪的胆汁，由于其位置和各种循环管道的聚集，肝脏能够直接得到来自消化道的血液，并深入参与了所有食物的新陈代谢过程。它以肝糖的形式储存糖分，又小心地释放出适量的葡萄糖，使人体的血糖维持正常标准。它又制造身体所需的蛋白质，包括血浆中与血液凝固有关的主要成分。它使血液中的胆固醇量保持正常，并在雄性及雌性荷尔蒙量过高的时候中止这些荷尔蒙的活性。它也是储存维生素的地方，其中一些维生素支撑着肝脏的正常工作。

肝脏如果不能正常运作，身体就等于被解除武装，对不断入侵的毒素无力抵抗。有些是新陈代谢正常的附带结果，肝脏可以通过去除氮元素快速而有效地化解。但正常情况下不会有的毒素，肝脏也会将之解毒。所谓"无害"的马拉硫磷及甲氧氯毒性比其他同类的农药低，就是因为肝脏有一种酶能够改变它们的分子，使其毒性降低。肝脏也用类似的方法，处理进入我们体内的有毒物质。

我们的身体对抗外来或内在毒素的能力，已经受到削弱，并逐渐崩溃。因为杀虫剂而受损的肝脏，不只无法替我们解毒，其本身的许多活动也可能会受到阻碍。这个后果不只影响深远，也因种类繁多，症状不会立即显现，使人们难以追究原因。

随着杀虫剂的广泛使用，自1950年以来肝炎的罹患率也急剧增加，并还在上升之中，而肝硬化的人数也越来越多。虽然要"证明"原因甲导致结果乙的发生不是很容易——毕竟人不是实验动物，但光用常识判断，肝病罹患率及环境中毒害肝脏的毒素同时增加，应该不是偶然。不管氯化碳氢化合物是否为肝病发生的主因，我们

　　既然已经知道这种化合物会损毁肝脏功能，使肝脏对疾病的抵抗力降低，如果还去接触它就显得太不明智了。

　　杀虫剂的两大种类——氯化碳氢化合物及有机磷化合物，都会直接影响神经系统，只是方式不一样，这是经由无数动物实验和病患观察所证实了的。像DDT这种新的有机杀虫剂，主要影响人类的中枢神经系统；小脑和更高的运动皮质是主要的受影响区域。据一本毒理学标准教科书记载，吸收过量DDT会出现刺痛、灼烧或发痒，同时还有颤抖、痉挛等症状。

　　因DDT急性中毒而引发的症状，最早是由几位英国的研究人员发现的，为了弄清DDT带来的后果，他们亲自接触了DDT。英国皇家海军生理研究所的两位科学家在墙壁上涂上一层含2%的DDT的水溶性颜料，再涂上一层薄薄的油，然后直接让皮肤紧贴着墙壁，使DDT能透过皮肤吸收进入体内。在他们对症状的描述中很清楚地体现了对神经系统的直接影响："四肢感到疲倦、迟钝及酸痛，精神上也受影响，情绪低落……非常急躁……讨厌每一种工作……觉得自己很笨，连最简单的事都做不来。关节有时会有剧痛。"

　　另一位英国研究人员把DDT溶在丙酮里，然后擦在皮肤上，他的症状是：四肢沉重、酸痛、肌肉无力，和神经极度紧张而引起痉挛。他的状况在度假后稍有好转，但一回来工作就又恶化，于是他在床上躺了两个星期，不时感到四肢酸痛、失眠、神经紧张、精神焦虑。有时会全身颤抖——这种颤抖就是我们现在已经很熟悉的鸟类DDT中毒的症状。这位研究人员有10个星期无法工作，甚至

在年底，英国医学杂志报道他的案例时，他还没有完全恢复。(尽管如此，美国研究人员用志愿者测试 DDT 的影响，结果却把志愿者形容的"头痛及每根骨头都在痛"摒斥为他们的心理作用。)

当前记录上有许多案例，从症状与病史来看，都指向了元凶——杀虫剂。这些病人都曾接触过杀虫剂，在清除环境中所有的杀虫剂后，症状就消失了；更重要的是，每次再接触那种杀虫剂时症状就会回来。就是这种证据，构成医学上治疗众多病症的基础，我们应该将它当作一种警告，没有理由再继续"小心冒险"地用杀虫剂污染整个环境。

为什么用过杀虫剂的人中毒症状各不相同呢？这和每个人的敏感度有关。有些证据显示，女人比男人敏感，小孩较成人敏感，坐着工作或常在室内的人比常在室外工作或运动的人敏感。除了这些之外，还有其他复杂的因素。为何有人会对尘埃或花粉过敏，对某一种毒药敏感，对某一种毒素敏感，或容易得病，而有些人就不会？目前这还是医学上的一个谜，没有解答，但问题确实存在，影响到相当多的人。有位医生估计，他的病人中大概有 1/3 以上有敏感的倾向，而人数还在不断增加。不幸的是，本来不过敏的人突然变得敏感。事实上，有医学从业人员认为，陆陆续续地接触化学物质可能会产生这种敏感性。如果真是这样，就可以解释为什么职业上常接触农药的人，很少有中毒的症状，因为不断接触这些化学物质，使他们的敏感度降低，就像过敏症医生通过给病人反复注射过敏源而使他自己产生抗过敏性一样。

杀虫剂中毒的问题会这么复杂，是因为它不像动物实验都活在严密控制的环境中，人类接触到的化学物质绝非一种，每一种杀虫剂之间，或杀虫剂与其他化学药品之间都会相互作用，从而导致更加严重的后果。不管是在土壤、水或是人的血液中，不同的化学物质不会单独存在；借着神秘不可见的变化，它们会互相改变，造成危害。

甚至通常状况下相互独立的两种杀虫剂也会发生反应。如果人体先接触氯化碳氢化合物导致肝脏受损，有机磷的毒性在这种情况下就会增强，有机磷是破坏保护神经的胆碱酯酶的元凶。之所以如此，是因为肝功能受损时，胆碱酯酶就会低于正常水平，症状就可能显现出来。此外，如我们前面所看到的，两种有机磷化合物能互相作用，使毒性增强100倍。或者，有机磷可能和许多药物、人工合成物质或食品添加剂起反应——也许还和许许多多充斥世界各地的人造物质发生反应。

像这样本来无害的化学物质可以被另一样物质大幅改变，最好的例子是和DDT很接近的甲氧氯。（其实甲氧氯并不像一般人以为的那么安全，最近的动物实验显示，它对子宫有直接影响，并阻碍脑垂体激素的分泌——这又再度提醒我们，这些化学物质对生物都有重大影响。又有研究发现，甲氧氯可能会破坏肾脏。）就因为甲氧氯不会在体内积存很多，所以人们以为它是安全的。事实上，如果肝脏因为其他物质受损，甲氧氯在体内累积的速度会增加到100倍，然后像DDT中毒一样，对神经系统造成永久的损害。然而，肝脏损伤通常都是极细微的，很容易被忽视。很多常见的情况也会造成肝脏损伤：使用另一种杀虫剂；使用含有四氯化碳的清洁剂；接受镇静剂注射。大部分（不是所有）的镇静剂是氯化烃类化学品，

可能对肝脏造成损伤。

急性中毒不只会损害神经系统，还会发生一些延迟效应。甲氧氯及其他物质对脑或神经有永久的破坏力；狄氏剂除了立刻发生的作用外，也会发生延迟效应，比如"丧失记忆、失眠、做噩梦到精神病"等。根据医学研究，林丹可能会大量储存在脑部及肝脏中，诱发"对中枢神经系统的长期效应"。然而此化学物质是一种六氯化苯，人们常在家里、办公室与餐厅中用喷雾器到处喷洒。

至于有机磷化合物，人们通常只会想到急性中毒所引起的剧烈症状，但它也会伤害神经组织，而且根据最新的研究发现，它也会造成精神病。有人在用过这类杀虫剂后，产生迟发性的瘫痪。约在1930年美国实施禁酒令的时期，有一件怪异的案例可以说是一种前兆，成因并非是杀虫剂，而是和有机磷化合物属于同一类的物质。在那段时期，有人用药用物品来代替酒，如此就不致违反禁酒令，牙买加姜水就是其中一种。牙买加姜水很贵，一些小酒贩就想到了制造假货来代替它。他们制造的假酒成功了，竟然通过了化学测验，瞒骗过了美国政府的化学技师。为了使假酒跟真酒的味道尝起来一样，他们加了一种叫作原甲苯基磷的化学品。这种化学品和对硫磷一样，会破坏乙酰胆碱酯酶。结果有15000多人因为喝了假酒而出现腿部肌肉麻痹的症状，并形成永久性的跛脚，称为"姜水性麻痹"；因为这种物质导致神经鞘受到损伤，脊髓前角细胞变性退化了。

大约20年后，如我们所知，各种有机磷开始用作杀虫剂。很快就出现了类似姜水性麻痹症的病例。一位在温室工作的德国工人，在用过对硫磷后有几次出现了轻微中毒的症状，几个月后就麻痹了。

之后，有 3 个化学工厂的工作人员，因为接触同一类杀虫剂而产生急性中毒现象。经急救后恢复正常，但 10 天后其中的两位腿部肌肉变得虚弱无力，这种症状在其中一人身上持续了一个月；而另外一位是年轻的女化学技师，她的情况就严重许多，不但双脚麻痹，手指和手臂也受到影响，两年之后医学杂志报道她的案例时，她还不能走路。

导致这些案例的杀虫剂都已经从市场上回收了，但目前人们使用的杀虫剂，或许也会有类似的危险。在用鸡做的实验中发现，马拉硫磷（园艺爱好者的最爱）会严重造成肌肉无力；和姜水性麻痹一样，这是由于坐骨神经和脊髓神经鞘受损导致的。

如果从有机磷中毒中存活下来，那他将要面对的情况可能更糟。鉴于神经系统受到的严重损伤，这些杀虫剂会不可避免地与精神疾病联系起来。澳洲墨尔本大学及墨尔本的亨利王子医院最近已经证实了杀虫剂和精神病的关系。他们报告了 16 件精神病的案例。每一个患者都曾长期接触过有机磷杀虫剂，其中有 3 个是检查喷药效果的科学家；8 个在温室工作；5 个是农场的工人。他们的症状有记忆力减退、精神分裂及抑郁反应等。而在接触杀虫剂之前，他们的身体都很健康。

正如我们所看到的那样，这类案例在医学文献中非常普遍，有的与氯化碳氢化合物有关，有的与有机磷化合物有关。为了暂时消灭几只昆虫，我们竟然必须付出这么大的代价——错乱、妄想、丧失记忆、躁狂……如果我们仍坚持使用这种会破坏神经系统的化学药物，还将继续付出这样的代价。

鉴赏与思考

人类吃下这些农药毒素之后会怎么样呢？作者通过列举大量实验和医院病例，讲述了农药对人身的损害。不同的杀虫剂，不同的人吸收后，中毒的症状也有所不同。有的损害肝脏；有的损伤中枢神经；有的破坏骨髓，导致肌肉萎缩……几乎每一样都是致命的。

思考 面对这些人类自制的恶魔，人类还有处可逃吗？

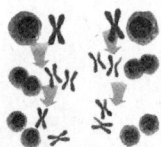

第十三章

透过一扇狭小的窗户

名师带你读

你知道细胞是怎样运作的吗？生物通用的能量来源是什么？化学物质是怎么造成基因突变的？

生物学家乔治·华德曾经把他的研究对象——眼睛的视觉色素，比作"一扇狭小的窗户"，他说："远距离从窗户看出去，只能看到一道狭小的一点亮光，但越走近窗子，视野便越宽广，最后贴近窗户时，就可以透过这样一扇小窗子看到整个宇宙。"

所以，唯有集中注意力，先观察身体的细胞，然后是细胞微小的构造，最后是这些构造中每个分子的反应，我们才能了解到把化学物质带进体内，会有多严重，影响有多深远。细胞制造能量，是生命不可或缺的功能，但医学界只在最近才开始有这方面的研究。

人体产生能量的机制不仅关乎健康，而且关系到整个生命，其重要性甚至超过所有的器官，因为产生能量的氧化还原反应如果不能顺利进行，身体的每一样功能都无法正常运作。然而，许多用来去除昆虫、鼠类及野草的化学药物，可能会直接破坏这个系统，扰乱其完美运行的机制。

我们今天能够了解细胞氧化的研究，是生物学和生化学中最了不起的成就。在这方面有贡献的人，包括好几位诺贝尔奖得主。在前人的研究基础上，这项研究又已经进行了 25 年；即使如此，仍然有许多细节没有完成。一直到最近十来年，各项研究成果才综合形成当今生物学家普遍所熟知的生物氧化知识。然而，在 1950 年前接受训练的医护人员，并没有机会了解细胞氧化作用的重要性，来阻挠这些作用的危险性。

能量制造的工作，并不是由某一个器官完成，而是由每一个细胞执行的，活细胞就好像火焰一样，通过燃烧燃料为生命提供所需的能量；不过细胞"燃烧"只用正常的体温就行了。于是这数十亿的细胞便轻轻燃烧，散发出生命的火花。如果它们停止燃烧，就会像化学家尤金·拉宾诺维奇说的："心脏会停止跳动，植物不会违反地心引力往上生长，变形虫不会游泳，知觉不会随着神经传送，思绪也无法在人脑中闪动。"

物质在细胞内转变成能量，是个不断运行的过程，自然界再生的循环，如同永远不停转的轮子。碳水化合物以葡萄糖的形式，一粒一粒，一个分子一个分子地进入这个轮子；在循环过程中，燃料分子分裂成片断，进行一系列的化学变化。这变化是有规则的，一步步地进行，每一步都由一个专业的酶来推动与控制，因这些酶的功能都是特定的。能量产生过程中的每一步骤都有废物(二氧化碳和水)产生出来，而经过变化的燃料分子就前进到下一个步骤。当轮子转了一整圈之后，燃料分子就已经转化成一种形式，可以和另一个新分子结合，再开始一个新的循环。

像这样好似化学工厂一样的细胞运作过程，真是生命的奇观；而每一个运作的零件，体积都非常微小，更令人叹为观止。除了少数的例外，细胞本身就很小，用显微镜才看得到。然而大部分氧化作用的工作，却在更小的剧场上演——在细胞内一个小小的圆粒中进行，叫作线粒体。虽然人们知道线粒体已经有 60 多年了，但是过去它们都被当作无关紧要的细胞元素被忽略了。到了 20 世纪 50 年代，线粒体的研究才活跃起来，并取得了丰硕的成果。短短 5 年内，就有 1000 篇以线粒体为主的研究成果发表出来。

科学家在解开线粒体之谜时所表现出来的智慧与耐心，实在令人敬佩。想想看，粒子微小到即使透过显微镜放大 300 倍观察都不一定看得到。再想想看，竟然有这样一种技术，能分离这颗粒子、把它割开、分析它的成分及其复杂的功能。如今，借着电子显微镜和生化学家的技术，就完成了这些研究。

目前已知，线粒体是一个个微小的酶包裹体，包括各式各样氧循环所需的酶，都很规律地排列在线粒体壁和隔层上，线粒体是"动力室"，所有的能量生产反应都在这里进行。一开始的几步氧化过程是在细胞质中进行，之后燃料分子进入线粒体，完成氧化反应，庞大的能量也是从这里释放出来的。

如果不是为了如此重要的结果，线粒体中氧化作用不停转动的轮子就失去了它的意义。氧化循环每一阶段所产生的能量通常被生物学家称作 ATP(三磷酸腺苷)——一种包含三种磷酸盐的分子。ATP 之所以能提供能量，是因为 ATP 可以将它所含的一种磷酸盐转化成其他物质，在此过程中电子来回高速运动产生能量。因此，在肌肉细胞中，当末端的一组磷酸盐输送至收缩肌肉时，收缩的能量就产生了。接着，产生另一个循环——循环之中的循环：ATP 分子送出一组磷酸盐，保留剩余两种，生成二磷酸盐分子 ADP。随着轮子继续转动，另外一种磷酸盐又会补充进来，于是 ATP 得到恢复。这就像我们使用的蓄电池一样，ATP 是充电的电池，ADP 是放电的电池。

ATP 是所有生物通用的能量来源。所有生物体，从微生物到人类都用 ATP。它提供机械能给肌肉细胞，电能给神经细胞；精子、受精卵要迅速成长转变成一只青蛙、一只鸟，或是人类的婴孩，细胞要制造荷尔蒙，全都仰赖 ATP 提供能量。ATP 的能量有些是供线粒体使用，但是大部分都立刻被送到细胞中供其他活动使用。由线粒体在某些细胞的位置，就可以知道其功能，因为这样就可将能量准确无误地送到需要的地方，在肌肉细胞中，线粒体集中在收缩纤维附近；在神经细胞中，它们位于和其他神经细胞相接触的地方，为神经冲动提供能量；在精子中，它们集中在推进尾部与前端连接的地方。

氧化过程中的耦合就是电池充电的过程，期间 ADP 和一个自由的磷酸盐组结合成为 ATP——这种紧密的连接叫作耦合磷酸化。

如果结合变成非耦合性，也就不会产生可用的能量。细胞就变成一具空转的引擎，只能发热却无马力，如此，肌肉无法收缩，电讯无法随着神经线路传送，精子无法游到目的地，受精卵无法完成复杂的细胞分裂与发育。所以对每一种生物，从胚胎到成体，磷酸化反应和氧化反应若不能连结，将会有惨重的后果，可能会造成组织甚至整个生物体的死亡。

为何二者不能连结呢？辐射是其中一个原因；受到放射线照射的细胞会死掉。不幸的是，很多化学物质也可以把氧化反应和能量生产反应分开，其中包括杀虫剂和除草剂。如我们所知，酚类(酚类化学物质浓度超过5%会导致酚中毒)对新陈代谢有很大的影响，会使体温升高到有致命的危险，这就是氧化反应和磷酸化反应没有链接，"引擎空转"导致的结果。二硝基酚和五氯苯酚等普遍用作除草剂的物质，就是这一类的代表。除草剂中另一个例子是2,4-D。在氯化碳氢化合物中，DDT已经证实能使氧化及磷酸化反应不能连结，这种情况在后面的研究过程中可能还会发现更多。

但是，非耦合并不是熄灭体内亿万细胞小火苗的唯一因素。我们在前面已经看到，氧化反应的每一个步骤，都是由特定酶执行，若其中任一个酶被破坏或活性减弱，氧化反应就会停止，不管是哪一个酶都一样。氧化反应的循环就像个转动的轮子，如果把一根棒子插在车轮辐条之间，轮子就会停止转动，不管棒子是插在哪里。同样地，破坏任何一个循环步骤的酶，氧化反应就会停止，这时，没有能量产生出来，后果与非耦合一样。

能中止氧化反应这个轮子转动的插棒，可以是任何一种用作杀虫剂的化学物质：DDT、甲氧氯、马拉硫磷、吩噻嗪以及各种二硝基化合物，都会抑制一种或多种氧化循环中的酶，也因此能够中断能量制造的过程，并使细胞无法利用氧气。这种损害，有极严重的后果，在此提及的只是很小的一部分。

已经有实验发现，仅只停止供应氧气，正常细胞就会变成癌细胞，这一点我们在下一章会谈到，其他的严重后果，则可以从动物胚胎实验中看出来。没有充分的氧气，组织和器官的发展就会受到扰乱，畸形发育或其他不正常的发展就会接着发生，人类的胚胎若缺乏氧气，想必也会发生先天性的畸形。

已经有迹象表明人们已经注意到这种灾难性后果正在增加，但是很少有人去探求其原因。1961 年，美国人口统计处为了了解先天性畸形发生率及其发生的环境状况，开始调查全国畸形儿的出生率。这样的调查，在当时可以说是一个凶兆。虽然此调查主要是针对放射线的影响，但也不能忽视化学物质的作用，因为化学物质往往伴随着放射线而产生同样的影响。人口统计处估计发生在未来儿童身上的缺陷和畸形，几乎肯定是由渗入我们外部和内体世界的化学品造成的。

生殖率的降低，可能也是因为氧化反应受到阻断，使 ATP 的储存量减少造成的。卵子在受精之前，需要有充裕的 ATP，以备受精后使用。而精子能否穿透卵子到达目的地，则和其 ATP 的存量有关。等受精之后卵子开始分裂，胚胎的发育能否完成，也决定于 ATP 的供应量是否充裕。胎生学家用蛙类和海胆的卵做实验，就发现如果ATP的含量降低到某个程度，卵子便会停止分裂，随即死去。

从胚胎学的实验室，我们可以联想到苹果树上的知更鸟；它们在鸟巢中生下蓝绿色的蛋，然而蛋都是冷的，生命的火焰燃烧了几天便熄了。我们也可以联想到，在佛罗里达州的松树顶上有一个树枝做的整齐的鹰巢，巢中三个白色的巨蛋也是冰冷无生气的，为何小知更鸟和小鹰无法孵出来？是不是像实验室的蛙卵一样，因为缺乏 ATP 而无法发育完全？它们之所以缺乏 ATP，是不是因为成鸟和它们的蛋含有太多杀虫剂，使氧化反应的小轮子停止转动，才无法生产能量呢？

这些问题的答案，已不需要去猜测了，因为观察鸟类的蛋要比研究哺乳类的卵子容易得多。无论是实验室或野生的鸟，只要接触过 DDT 或其他氯化碳氢化合物，蛋里就含有这些物质的残余，而且含量不低。加利福尼亚州有一个用野鸡蛋做的实验，发现其中含有 349ppm 的 DDT。在密歇根州，因 DDT 中毒而死的知更鸟，输卵管中的蛋含有 200ppm。因成鸟 DDT 中毒死亡而遗留在巢中无人看顾的蛋，也含有 DDT。因附近农场使用艾氏剂而中毒的母鸡，也把化学物质传到了蛋里。实验室里用含 DDT 的饲料喂养的母鸡，生下的蛋竟含有多达 65ppm 的 DDT 残余。

DDT 和其他（或许是所有的）氯化碳氢化合物会抑制某一特定的酶，或者使能量生产机制不能连结，从而中断能量生产的循环。既然如此，充满化学残余的鸟蛋又怎么能够完成复杂的发育过程：无数次的细胞分裂、组织与器官的发展、重要物质的合成，最后发展出一个新的生命。所有这些都需要无比的能量——唯有新陈代谢

的轮子才能生产的 ATP。

这种惨剧，当然不可能只发生在鸟类身上。ATP 是所有生物通用的能量来源，而在鸟类和细菌，以及人和老鼠身上，新陈代谢的循环为的就是制造 ATP。任何物种生殖细胞中的杀虫剂残留都值得我们担忧，因为同样的效应会在人类身上出现。

有证据显示，这些化学物质可以留存在制造生殖细胞的组织，以及生殖细胞中，在许多种鸟类和哺乳类的性器官中，已经发现存有杀虫剂——实验室里的野鸡、老鼠和天竺鼠，榆病防治区的知更鸟，以及在西部森林云杉卷叶蛾防治区漫游的鹿。有一只知更鸟的睾丸含有的 DDT 比其他部位还多；而野鸡睾丸的含量，更是高达1500ppm。

或许是化学物质积存的缘故，实验室中的哺乳动物出现了睾丸萎缩的现象。吸收到氯化甲醇的小老鼠睾丸就特别小。喂食了 DDT 的公鸡睾丸大小只有正常的百分之 18%，而需要靠睾丸分泌荷尔蒙才能发育的鸡冠和肉垂，只有正常的 1/3 大小。

精子本身也会因 ATP 不足而受到影响。实验发现，二硝基酚会减低公牛精子的活动力，因为它干扰了能量连结机制而降低了能量的生产。其他化学物质或许也有同样的影响。至于对人类的影响，已经有医学研究发现，有些喷洒 DDT 的飞行员，精子数有减少的现象。

对整个人类来说，比个人生命更加宝贵的是我们的基因遗传，这也是把我们与过去和未来联系在一起的纽带。经由长久的演化，基因塑造了现在的我们，而在那些小小的物质中，也蕴含了未来——不论这未来是希望还是威胁。然而人造物质能使基因变质，这是我们这个时代的威胁，也是"人类文明最后的浩劫"。

化学物质与放射线，确有相似的作用。受到放射线照射的活细胞，会产生多种伤害：分裂的能力可能遭到破坏，染色体的结构可能改变，遗传物质——基因可能会突变，使下一代有不一样的特征。特别敏感的细胞也许会马上死亡，或者经过几年时间后变成恶性细胞。

实验证明，化学物质也会造成与放射线相同的后果，这种物质称为模拟辐射物质。许多杀虫剂和除草剂都属于这一类，能破坏染色体，干扰细胞分裂，或造成突变。遗传物质的损伤，能使人生病，或者在下一代显现出后果来。

几十年前还没有人知道放射线或化学物质会有什么影响，那时候，原子还未分裂，仿真放射线的化学物质也还未在化学家的试管中孕育出来。可是，到了 1927 年，德州大学动物学教授穆勒博士发现生物如果受到 X 光照射，后代就会发生突变。他的发现在科学及医学界开创了新的领域，穆勒博士也因此获得诺贝尔医学奖。后来，这世界很快就难以摆脱那令人忧恐的灰色尘埃了。如今，即使完全不懂科学的普通大众，也知道了放射线潜在的危害。

在 20 世纪 40 年代初期，爱丁堡大学的查洛·奥贝与威廉·罗伯森也有一个发现，但很少有人注意到。他们发现芥子气能使染色体产生永久性的变异，和放射线的作用没有什么不同。他们用果蝇做试验(这也是当初穆勒博士测试 X 光所用的动物)，发现芥子气

也会造成突变，于是，第一个化学突变就这样被发现了。

目前所知能改变动植物遗传物质的突变剂，除了芥子气之外还可以罗列一长串名单。要了解化学物质如何改变遗传的过程，我们得先明白生命处在活细胞阶段时的状况。组成身体组织与器官的细胞，一定要有繁殖的能力才能使身体成长，使得生命能一代一代传下去；这是需要借助细胞的有丝分裂或核分裂过程来完成。在一个即将分裂的细胞中，最重要的变化是从细胞核开始的，最后扩展到整个细胞。在细胞核里面，染色体奇妙地移动并进行分裂，把自己按远古以来就有的方式排列整齐，将遗传决定因素——基因传给子细胞。首先，细胞形成长线，而染色体就像珠子一样排列在线上，接着，每一条染色体纵向分裂开来（基因也会分裂）。细胞分为两半后，染色体会分别进入子细胞内。这样每一个新的细胞会包含一整套染色体，所有的遗传信息都在染色体中。通过这种方式，物种的完整性得以保存和延续。

生殖细胞的细胞分裂又不大一样。由于每一种类的染色体数是一定的，而每一个个体是由精子和卵子结合而成，所以精子和卵子只能有一半的染色体。于是生殖细胞在形成的时候，染色体在细胞分裂时并不分裂，而是每一对的其中一个整个进入子细胞。

细胞分裂是地球上所有生命的根本，无论是人类还是变形虫，无论是高大的水杉或微小的酵母，没有细胞分裂就无法生存。因此，干扰细胞分裂的物质，对生物及其后代会有深远的影响。

　　辛普森和他的同事皮坦狄及提芬尼在他们包罗万象的著作——《生命》中写道："细胞的主要特色，例如有丝分裂，一定存在了至少 5 亿年，可能将近有 10 亿年之久，从这方面来看，世上的生命虽然脆弱、复杂，但也相当持久——比山脉还要古老。这种持久性完全仰赖遗传物质准确的复制能力，一代一代地传递下去。"

　　但在这 10 亿年来的 20 世纪中期，人造的放射线与化学物质却以前所未有的方式，直接且有力地破坏遗传物质复制的"准确性"。澳洲著名的医师和诺贝尔奖得主麦法兰·伯纳认为，这是现代医学最严重的问题，"随着效能越来越强的治疗步骤及超乎生物自然代谢所能处理的化学物质不断出现，原本体内器官那道能杜绝突变物质进入的天然保护屏障，现在也越来越频繁地被突破。"

　　由于人类染色体的研究才开始没多久，所以一直到最近才能探讨环境因素对染色体的影响。在 1956 年，借着新技术的发明，人们才准确地算出人的细胞中有 46 个染色体，并能够发现全部或部分染色体存在与否。环境会破坏遗传物质的观念，这时候还相当新，除了遗传学家，很少有人了解，也很少有人去征询遗传学家的意见。

　　放射线的危害，人们已相当了解，然而有些地方的人却仍然不接受这个事实。穆勒博士常常感叹道："不愿接受遗传原理的人，不只是操有政策决定权的政府官员，还有许多医学界人士。而化学物质可能具有和放射线类似的作用，大众或大部分医学界与科学界

的人都还不知道。因此，还没有人评估一般用途的化学物品有什么影响，但这一定要有人去做才行。"

认为这方面有潜在危险的人，不只是麦法兰——英国一位杰出的科学家亚历山大博士就曾说过，仿真辐射作用的化学药品，伤害性可能比放射线还大。致力遗传学工作数十年，有卓越成就的穆勒博士也警告说，许多化学物质（包括杀虫剂）"能像放射线一样提高突变的机率，在现代人们常常接触化学物质的情况下，究竟这种能导致突变的物质对我们的基因有多大影响，还没有人知道"。

人们之所以会漠视这种问题，可能是因为一开始发现能导致突变的物质只和科学研究有关；毕竟从空中向人们喷洒的并非芥子气，只有生物学专家在做实验时或医师治疗癌症时才用得到（最近已有报告指出，有病人因为接受这种治疗而造成染色体受损）。然而，许许多多的人和杀虫剂与除草剂都有密切的接触。

虽然注意到的人很少，还是有人搜集了许多有关杀虫剂的资料，指出细胞的重要机制受其影响很大，从轻微的染色体到基因突变都有受损，且后果可能会严重到形成恶性癌症的地步。

蚊子如果连续几代都接触DDT，就会变成奇特的生物，称为雌雄同体。用各种碳酸处理过的植物，染色体会有重大的变化，基因也会有数量惊人的突变，造成"遗传上不可逆转的变化"。经典的基因实验对象——果蝇，接触苯酚后会发生突变；接触常见的除草剂或尿烷后，果蝇的突变甚至可以致死。尿烷属于氨基甲酸酯类化学品，很多杀虫剂以及其他农药都是用这类化学品制成的。有两种氨基甲酸酯类化学品用于防止储藏的土豆发芽，正是因为它们可以阻止细胞分裂。另一种防止发芽的化学品——马来酰肼已经被认定为危险的诱变物质。

经过六氯化苯或林丹处理过的植物，会严重变形，根部长出肿瘤，细胞因染色体数加倍而涨大。染色体数会随着细胞分裂一直加倍，直到细胞容量无法再负荷为止。

除草剂 2,4－D, 也会使植物长出肿大的瘤，染色体变短、变厚而挤在一起；细胞分裂也严重受阻，后果和 X 光的作用很类似。

这些仅仅是一部分例证，还有很多事实可以引证。然而，至今仍没有旨在检测杀虫剂诱变效应的综合性研究。上述的例子只是细胞生理学或遗传学研究的副产品而已。这方面的问题，实在迫切需要有人多加探讨。

有些科学家能接受环境中的放射线对人有影响的说法，但是却怀疑化学物质会有同样的作用。他们认为，放射线有穿透能力，而化学物质未必能进入生殖细胞。此时，我们还是受了缺少对人类直接研究的限制。不过，鸟类和哺乳类的生殖器与生殖细胞曾发现含高量的 DDT 残余这一点，充分证明了至少氯化碳氢化合物会在体内广泛散布，而且可以和遗传物质结合。宾夕法尼亚州州立大学的戴维斯教授最近发现，有一种能使细胞停止分裂，已用在癌症治疗上的化学物质，会使鸟类丧失生殖能力；剂量如果不致死，也会使性器官的细胞分裂中断。戴维斯教授在野外做的实验已有初步结果显示，生物体的性器官没有能力抵御环境中存在的化学物质的危害。

在染色体异常方面，最近有一些具有极大意义的医学研究。1959 年，英国和法国许多研究小组发现他们个别的研究都指向了同样的结果——人类某些疾病是由于染色体数目不正常所致。例如，典型的唐氏综合征患者，他们的染色体数目就多了一个，有时这一个多出来的染色体会附着在其他染色体上，使总数维持在正常的 46 个，不过通常都是 47 个。在这些病例中，缺陷的初始原因一定是在症状出现之前的上一代人身上发生的。

在美国和英国，有一种慢性白血病的发病机制似乎不大一样，因为每一个患者的血球中，都有染色体异常的现象，例如：有的染色体有一部分不见了；而这些患者的皮肤细胞染色体却是正常的；也就是说：染色体异常并非发生在发展出这些个体的生殖细胞上，而是发生在这些人有生之年的某个特定细胞上（在这个例子中，最先受害的就是血细胞）。染色体所失去的那一部分，可能使这些细胞失去了正常的行为能力。

自从打开这个领域的大门以来，与染色体异常有关的病症以惊人的速度增长，远远超过医学所能研究的范围。有一种病叫作克兰费尔特综合征，就与多出来的一个染色体有关。患者虽然是男的，但他有两个 X 染色体（染色体变成 XXY，而正常男性的染色体是 XY），这就使他发育有点不正常，通常得这种病的患者身高过高，智力受损，而且没有生殖能力。相反，如果一个人只收到一条性染色体（变成 XO，而不是正常的 XX 或 YY），她虽是女性，但没有第二性征。患者身体上也会有很多异常，有时智力也会受损，因为 X 染色体带有许多基因，这种病叫作"特纳综合征"。在找出原因之前，医学文献上早就有这两种病症的记载。

许多国家都展开了有关染色体异常的研究。威斯康辛大学由巴杜博士领导的小组研究对象就是先天性异常的疾病；患者通常智力不足，似乎是由于部分染色体复制造成的，可能在生殖细胞的形成过程中，一条染色体断裂后，碎片没能适当地重新分配。这种情形很可能就干扰到胚胎的正常发育。

我们目前已经知道，额外多了一条染色体通常是会致命的，它可能会使胚胎无法存活，目前知道只有三种情况可以存活。其中之一自然就是唐氏综合征。多余的一条染色体虽然会造成严重损伤，但不一定会致命。据威斯康辛大学研究人员表示：小孩如果生下来有多方面异常，且智力发展受阻，很有可能就是这个原因造成的。

目前，科学家们正忙于确定与疾病和发育不全相关的染色体异常的研究，还没有探究其原因，所以这是一个全新的领域。认定细胞分裂过程中染色体破坏或染色体行为异常由单一因素引起，显然是不明智的。但是，目前化学物品正充斥着我们的环境，它们可能直接攻击染色体，最终导致上述病症，我们能无视这样的事实吗？为了防止土豆发芽或消灭庭院的蚊子，这样的代价是不是有点太高了呢？

只要我们愿意，我们一定能减少对遗传基因的威胁，毕竟遗传基因是经过20亿年的进化和选择才传给我们的，它目前属于我们，将来还要传给后代。但是，现在我们所做的还远远不够。虽然法律规定化学物品制造商应该测试其产品的毒性，但是法律并未要求他们也要测试化学品对遗传基因的影响，而且，他们也没有这么做。

鉴赏与思考

作者在这一章给读者上了一堂专业的生物课，形象地告诉了我们能量是怎样在生物体内产生的，怎样活动的，其中有不少专业词汇。读者只有认真研究，才能扩大知识面，同时真正做到"知情"，知道人的身体是怎样运行的，化学物质是如何改变和破坏染色体的。

思考　在了解了这些知识点后，你还能对化学物质的入侵袖手旁观吗？

第十四章

每四个人中就有一个癌症患者

名师带你读

你知道癌症是怎么产生的吗？什么是致癌物？细胞内究竟发生了什么变化，导致本来规律的增长变成了肆无忌惮的增生？

生物与癌症的斗争由来已久，时间太久，已经无法回溯到癌症的起源，但是，最初的病因一定来自自然环境。每一种生物在自然环境中，都必须承受来自太阳、暴风雨及地球古老性质的影响，这影响可能有利，也可能有害。如果对生物有害，生物就得去适应，否则就灭亡了。阳光的紫外线会致癌，有些石块放射出来的射线也会造成恶性突变，或者土壤和石头中的砷会被雨水冲刷出来，污染食物和水源。

早在生命出现之前，自然界就存在这些有害的成分，然而生物

还是兴盛起来，在数百万年之间生生不息，经过大自然从容的考验，有些生物终于能适应有害的环境因素了，不能适应的就淘汰了。天然的致癌因子仍会继续致癌，但数量并不多，而且生物从一开始就已经适应了这些因子。

自人类来到之后，情况就开始改变。和其他生物不一样的是，人会自己制造致癌物质，也就是医学上所说的致癌物。有些人造的致癌物在环境中已存在了好几世纪，煤烟就是一个例子，这是含有芳香族的碳氢化合物。自从工业时代开始，世界就在不断地变化，而且速度越来越快。天然的环境已经快速地被无数新的人造的化学与物理物质代替，这些物质很多对生物有极大的影响。人类对这些自己所生产的致癌物毫无抵抗能力，因为我们自己遗传到的生物特性是慢慢演化而来的，所以对新环境的适应力发展得很慢。因此，这些物质能够轻易突破身体防御的屏障。

癌症的历史已很悠久，但我们对致癌物的认识却很迟缓。第一个想到外部或者环境的因素可能会致癌的人，是两个世纪前伦敦的一位医生。1775 年，波西瓦·帕特先生断言，清扫烟囱的工人常患阴囊癌，一定是煤烟累积在身体里所致。他无法提供我们今日所讲求的"证据"，但现代医学研究已经能分离出煤烟里的致癌物，证实他的见解完全是正确的。

自帕特先生的发现之后，经过了 100 多年，似乎很少人了解到环境中某些化学物质可以因多次皮肤接触、吸入或吞食而致癌。不过已经有人注意到，在克伦威尔及韦尔斯地区的炼钢厂和铸锡厂，接触到砷气的工人常罹患皮肤癌；而萨克森的钴矿与波希米亚的祖阿奇姆士达的铀矿工人，肺部常得一种病，后来鉴定之下才知道是癌症。但这都是发生在工业时代以前的事；而工业时代以后，这些有害产物基本充斥在环境的每一个角落。

工业时代最早的致癌物，是在 19 世纪末期发现的。那个时候，巴斯德正好提出传染病是由细菌所引起的理论，而其他人则发现化学物质可以致癌——萨克森的新褐煤工业与苏格兰的页岩油工业工人常患皮肤癌，而职业上必须接触柏油与松脂的人也常患有其他癌症。截止到 19 世纪末，人们已经知道有 6 种工业致癌物。到了 20 世纪，人们制造出无数新的致癌物质，并使其普遍进入一般大众的日常生活中。帕特研究工作之后不到两个世纪的时间里，环境状况已经发生了巨大变化。接触致癌物的人，不再受职业所限，而是每一个人，甚至是还没有出生的婴儿。所以，现在有这么多恶性疾病也就不足为奇了。

癌症增多，并不只是主观印象。美国人口统计处在 1959 年 7 月的报道中指出：恶性疾病的增加(包括淋巴和造血组织)造成死亡人数占 1958 年全年死亡人数的 15％，而 1900 年仅为 4％。根据目前的发病率，美国癌症协会估计美国现有人口中有 4500 万人最终会患上癌症。这就意味着，每 3 个家庭就有 2 个要遭受恶性疾病的侵袭。

有关儿童的情况更令人担心。二十几年前，儿童罹患癌症的比例非常低，今天在美国，死于癌症的儿童比死于其他病症的都要多，情况甚至严重到波士顿必须成立美国第一所专门治疗癌症的儿童医院。1 岁到 14 岁的儿童死亡中，有 12％ 死于癌症；许多不到 5 岁的儿童，也发现患有恶性瘤，更可怕的是，刚出生或尚未出世的婴

儿也发现体内有恶性瘤。美国国立癌症学院的休柏博士是环境癌症的权威，他认为婴儿先天性或后天性的癌症，可能与母亲在怀孕期间接触到致癌物有关，而致癌物便透过胎发育，作用于迅速发育的胎儿组织。已经有实验发现，接触致癌物的动物年岁越小，越有可能罹患癌症，佛罗里达州大学的雷依博士曾警告："在食物中添加化学品会导致孩子们患上癌症。可能在一两代人内，我们都不会知道会发生什么样的后果。"

在此我们最关心的问题是，我们用来控制大自然的药物，是否直接或间接地导致癌症。从动物实验的结果，我们可以看到，有5种或者6种杀虫剂必然是致癌物。如果也把造成白血病的物质列进去，则致癌物的名单就更长了。这里的证据都只是间接性的，因为无法直接用人做实验，不过还是很可信。另外有些杀虫剂会间接导致癌症，这个问题将在下文中讨论。

最早发现会致癌的化学物质是砷，比如用作除草剂的亚砷酸钠，以及用作杀虫剂的砷酸钙和其他化合物。砷会在人和动物身上致癌是人们早就知道的，休柏博士在他的代表作《职业性肿瘤》中，对这方面就有详细的描述。西利西亚的里却斯丹市在近1000年来，一直都是开采金矿和银矿的地方，而过去数百年中也开采砷矿。几个世纪来的砷矿废弃物就堆在矿井附近，使其被高山流下来的河水冲走，地下水也受到污染，砷也进入了人们的饮水中。这一地区的居民，几个世纪以来就罹患所谓的"里却斯丹病"，这是慢性的砷中毒，肝脏、皮肤、肠胃道及神经系统都遭到破坏，并且常有恶性肿瘤。"里却斯丹病"现在已经成为历史，因为50年前人们已换了新的水源，把砷过滤掉了。不过，阿根廷的科多巴省伴有皮肤癌的慢性砷中毒仍然很严重，因为取自岩层的饮用水含砷。

只要长期使用含砷的杀虫剂，就无法避免会产生像里却斯丹和科多巴所发生的情况。在美国，烟草田、西北部的果园，以及东岸蔓越橘产地的土壤中都浸泡着含砷的杀虫剂，这是很容易污染到水源的。

被砷污染的环境，不只危害人，也危害动物。1936年在德国萨克森的弗莱贝格附近炼制银和铅的工厂排放含砷的烟气，使之飘荡到乡村，降落在植物上。据休柏博士的记录，吃了这些植物的马、牛、羊及猪都出现了皮毛脱落、皮肤增厚的现象。附近森林的鹿身上也出现不正常的色素斑点，并有癌症前期的浮肿，其中有一只肯定得了癌症。无论是家畜或野生动物，都不同程度地患有肠炎、胃溃疡和肝硬化。养在工厂附近的羊，得了鼻窦癌，死后发现羊的脑部、肝脏和肿瘤内都含有砷。同时该区的昆虫，特别是蜜蜂，死亡率高得非比寻常，下雨过后，雨水把砷冲洗到溪流中，又导致了大量的鱼儿死亡。

在新的有机杀虫剂中，有一种用来消灭虱子及扁蚤的化学物质就是一种致癌物。历史充分证明，尽管有相关法律存在，但是在进展缓慢的法律程序控制局面之前，公众已经被迫接触致癌物质好几年了。这故事又告诉我们了有趣的一点，那就是今天看起来"安全"的物质，明天可能会变得极端危险。

该化学物质在1955年问世的时候，厂商申请一个耐药标准，允许受喷洒的农作物留存少量残余。申请者已经做过动物实验，并

且将实验结果附在申请表中。不过，食品与药物管理局的官员却认为，实验结果显示该物质有致癌的可能性，所以建议耐药标准应该定为零，也就是说运出州界外的食物不得留有化学残余。但厂商上诉后，审核案子的委员会却做了一个折中的决定，耐药标准定为1ppm，产品准予上市两年，这期间需要再做实验来确定这种化学物质是否有致癌性。

委员会虽然没有明讲，但他们显然决定把大众当作小白鼠，和实验室的狗与老鼠一起作为了测试致癌物的对象。不过实验室的动物很快就提供了答案。两年之后证实了这种物质真的会致癌。然而，即使在那时候，即1957年，食品与药物管理局还不能马上取消耐药标准，还有各种法律程序要走，这又花了一年时间。最后在1958年12月，该局官员才将1955年就提出的零耐药标准准予生效。

农药中的致癌物当然不只这些。DDT在动物实验中会产生疑似肝癌的病症，从事这些实验的食品与药物管理局官员，不能确定如何分类，但是觉得可以将这病症视为轻度肝细胞瘤；现在休柏博士已很肯定地把DDT定为"化学致癌物"。

属于胺基酸盐的两种除草剂：IPC和CIPC，会使老鼠产生皮肤肿瘤，有些是恶性的。这些化学品先引起恶性病变，再借着环境中其他化学品来完成恶性癌细胞产生的过程。

除草剂氨基三氮醇会使实验动物产生甲状腺癌，1959年，有些蔓越橘果农滥用这种物质，使运到市面出售的产品留有残余。食品与药物管理局没收污染的蔓越橘时曾引起纷争，连医学人士都不认为此物质会致癌。后来该局发表的实验结果，证实了氨基三氮醇对实验老鼠有致癌作用。若在老鼠的饮水中加入 100ppm，老鼠在第 68 周就会开始长出甲状腺瘤。两年之后，一半以上的老鼠都会长瘤，有恶性的，也有良性的。即使减低剂量，结果也一样；事实上，没有一个剂量会低到不会致癌。当然，没有人知道使人致癌的剂量是多少，但就如哈佛大学医学系教授劳斯坦博士所说的，人类施用的剂量很可能就是造成危害的剂量。

至于新制造的氯化碳氢化合物杀虫剂及现代除草剂，目前还没有足够长的时间能充分显露它们的作用，恶性癌症发展得很缓慢，可能需要相当长的时间才会在临床上显出症状。在 20 世纪 20 年代初期，在表盘涂上发光图案的妇女们使用刷子的时候不小心碰到了嘴唇，摄入了少量的镭。这些妇女有些在 15 年或更长的时间之后得了骨癌。有些因职业关系导致的癌症，在 15—30 年之后症状才会显现出来。

除了工业上的致癌物，在杀虫剂方面，DDT 大约在 1942 年由军方首次使用，而民众在 1945 年开始使用，到了 50 年代初期，人们才开始使用各式各样的杀虫剂与除草剂。这些化学物质所播下的恶变种子，发展成恶性肿瘤的这一天正在慢慢到来。

不过，并不是所有恶性肿瘤都有很长的潜伏期，白血病就是个例外。在广岛经历过原子弹轰炸的生还者，仅 3 年时间就得了白血病，而且有证据显示，潜伏期还可能更短。其他种类的癌症可能有更短的潜伏期，但是依目前看来，白血病似乎是潜伏期最短的癌症。

自现代杀虫剂问世以来，白血病罹患率就一直在不断上升。美国人口统计处的结果清楚地显示，造血组织病变导致的疾病比率正

在以令人惊惧的速度增长。1960 年，有 12290 人死于白血病，死于各种血癌或淋巴癌的总计人数有 25400 人，比起 1950 年的 16690 人，的确是增加很多，如果以总人口来计算，1950 年，每万人的死亡人数为 11.1 人，到 1960 年增加至 14.1 人。不只在美国，在其他国家，各年龄阶层死于白血病的人，也以每年 4％ 或 5％ 的比率在上升。这意味着什么？是什么致命物质进入到环境中，使人们接触的频率越来越高？

像梅奥这类著名的医院，已经确认有数百名患者死于这种造血组织疾病。梅奥医院血液科的哈格夫斯医生和他的同事在报告上说，所有的病人都曾接触过各种有毒的化学物质，包括 DDT、氯丹、苯、林丹以及石油馏出物的喷剂。

哈格夫斯医师深信，尤其是过去十年中，和环境中各种有毒物质有关的疾病一直不断地在增加。依据他丰富的临床经验，他认为："绝大多数患血液恶质症及淋巴疾病的人，都接触过各式各样的碳氢化合物，包括今天大部分的杀虫剂。仔细检视医学记录，就可以确定两者有因果关系。"根据每一个病人的病历，包括白血病、再生不良性贫血、霍杰金氏病及其他血液和造血组织的各种病症。他写道："他们都曾接触过这些存在于环境中的化学药物，而且接触的剂量还不少。"

这些病例说明了什么？有位家庭主妇非常讨厌蜘蛛，8 月中旬她用 DDT 与石油馏出物的喷雾器把整个地下室仔细喷洒了一遍，包括楼梯下、壁橱内、天花板与椽子上。她喷完之后就觉得很不舒服，感到恶心，极端焦虑与紧张。几天之后她觉得好了一些，但显然一点都没怀疑使她不舒服的原因。她在 9 月又把整个地下室喷洒了两次，同样在喷完后觉得不舒服，但暂时恢复后又再次喷了药。在第三次喷药之后，新的症状出现：发烧、关节疼痛、全身不适、一只腿患上了急性静脉炎。经哈格夫斯医生检查，发现她患的是急性白血病，几个月以后她就死了。

哈格夫斯医生另有一个病人，他的办公室是在一栋老旧的大楼里，里头有许多蟑螂，他厌恶这些蟑螂，于是便亲自采取行动，花了大半天的时间喷洒了地下室及所有隐秘的地方。他喷洒的药物是含有 25% 的 DDT 的甲基化萘溶剂。喷完药没过多久，他就开始皮下出血，由于身体多处出血，他不得不住院检查，血液分析显示，他患上了一种严重的骨髓衰退症——再生障碍性贫血。接下来的 5 个半月，他一共接受了 59 次输血，此外还有其他治疗，后来虽然好了一些，但大约 9 年之后，他又患上了致命的白血病。

所有杀虫剂中，最常在病历出现的是 DDT、林丹、六氯化苯、硝基苯酚、对二氯苯、氯丹，当然还有些溶解这些药品的溶剂。哈格夫斯医生强调，病人往往不只接触其中某一种化学物质。农药产品通常包含多种化学物质，这些化学物质会溶于石油馏出物，外加一些分散剂。含有芳烃和不饱和烃的溶剂本身就可能是造成造血器官损失的主要因素。从实际角度（而不是医学角度）看，这样的差别并不重要，因为这些石油溶剂是普通喷药操作不可缺少的一部分。

美国及其他国家的医学文献，记载着很多病例能支持哈格夫斯医师的见解，认为这些化学物质与白血症及其他血液相关病症有因果关系，这些病例中的患者都是一般人：被自己的喷药设备或飞机

喷药伤害的农夫；用喷雾器去除蚂蚁的大学生，并且还留在喷过药的房间念书；在家里使用一具手提林丹喷雾器的主妇；在喷过氯丹和毒杀芬的棉花田工作的工人等等。

比如，捷克有一对表兄弟，他们住在同一个小镇，常常一起工作、玩耍。(这个病例以医学用词，将此人间悲剧冷静地叙述出来。)他们最后一次工作是在合作农场帮忙卸下袋装的杀虫剂(六氯化苯)。8个月之后，其中一个男孩得了急性白血病，发病9天后就死了。这时，他的表弟开始出现疲倦、发高烧的症状，不到3个月症状就变得更严重而被送进医院，同样，医生给他的诊断也是急性白血病，最终救治无效，不可避免地死亡了。

瑞典的农夫是另一个典型的案例，他的故事很容易让人想起日本渔夫久保山驾着"福龙号"捕鱼的故事。和久保山一样，这个农夫一直都很健康，他靠陆地谋生就像久保山靠海谋生一样。(1954年3月1日，美国在太平洋马绍尔群岛的比基尼环礁试验氢弹，日本渔船五福龙号正在附近公海作业，核爆使船上23名船员受到放射性微尘的伤害，无线通信员久保山在半年后因放射线微尘引发的疾病去世。)但是从天空飘下的毒药，把这两个人都判了死刑；久保山面对的是放射性微尘，农夫面对的是化学粉尘。这个农夫曾用DDT及六氯化苯喷洒了他60英亩的土地，在喷洒的时候，一阵一阵的风吹起了药粉，在他周围飘散。据伦地医院记录："到了晚上，他觉得特别累，随后几天他一直很虚弱，背痛、脚痛、发冷、不得不躺在床上。但情况越来越严重，到5月19日(喷药后一个星期)，他申请住院。" 他发着高烧，血细胞计数也不正常，转送到伦地医院后两个半月就死了。尸检结果发现，他的骨髓已经完全萎缩了。

细胞分裂这种正常而必要的过程怎么会有了破坏性呢？这个问题已经受到无数科学家的关注，并耗费了大量的资金。细胞内到底发生了什么样的变化，把规律的细胞增长变成狂野、无法控制的癌细胞呢？

答案是多种多样的。就好像癌症有很多面，有不同的起源与发展过程；有许许多多影响细胞生长或退化的因素，导致癌症的原因当然也有很多种。然而，使细胞变化的，可能只是几种基本的破坏机制所致。从各地的研究，即使不是针对癌症的研究中，我们仍可看到一丝曙光，或许日后可以得到解答。

我们再一次发现，只有观察生命的最小单位(细胞和染色体)，才能获得更大的视角，以破解迷局。在这个微观世界里，我们需要找到使细胞神奇的运行机制脱离正常轨道的各种因素。

关于癌细胞起源的最著名理论是由德国生物化学家、马克斯普朗克细胞生理学研究所奥托·沃伯格教授提出的。沃伯格一生都致力于细胞内部氧化过程的研究。凭借丰富的研究经验，他清晰地解释了正常的细胞恶化的过程。

沃伯格教授认为，辐射线或化学性致癌物会阻碍正常细胞的呼吸作用，使能量无法产生。剂量虽小但若多次接触，就会有这种结果，而且不能恢复正常。没有被毒素直接杀死的细胞会很艰难地补充失去的能量。它们已经不能进行那种高效能，制造大量ATP的循环，只能从事最原始、效率较低的发酵作用。为了生存，发酵作用延续了好长一段时间，其间细胞分裂照常进行，以致所有子细胞都用这

种不正常的方法呼吸，细胞一旦失去正常的呼吸功能，就不可逆转，就算过了一年、十年或几十年也一样，但为了拼命保住能量，细胞会慢慢增加发酵作用，这是一种达尔文式的挣扎模式，唯有最适应的才能生存。等细胞挣扎到发酵作用产生和呼吸作用一样多的能量时，就形成了癌细胞。

沃伯格教授的理论解开了几个令人困惑的问题。所谓癌症的潜伏期，就是细胞进行无数次分裂，发酵作用逐渐增强的那段时间。每种动物的发酵作用速度不同，时间也各异；在老鼠身上，这一段时间比较短，所以癌细胞很快就可以产生；在人身上，这一段时间比较长，所以癌症的发展缓慢，有的长达好几十年。

沃伯格教授的理论也说明了为什么少量而多次接触致癌物，在某种情况下，要比单次大剂量接触更加危险的原因。一次大剂量会马上把细胞杀死，而小剂量能容许一些细胞存活，虽然这些存活细胞已经属于一种受损状态。这种存活的细胞最后就变成癌细胞，这也是为什么致癌物根本不存在"安全"剂量的原因。

根据沃伯格的理论，我们又解开了另一个疑团：同一种元素可以用来治疗癌症，也可以引发癌症。大家都知道，放射线便是如此，它既能杀死癌细胞，也可以致癌，许多用来治疗癌症的化学药物也是如此。为什么呢？因为二者都能破坏呼吸作用，由于癌细胞的呼吸作用已经受损，所以再有额外的损坏就会死亡。正常细胞第一次接触虽不会致死，但也会慢慢走上变异的道路，最后变成癌细胞。

1953 年，研究人员只是长时间内偶尔给细胞断氧，竟把正常细胞变成了癌细胞，这个结果证实了沃伯格教授的理论。接着在 1961

年，又有新的证据证实了沃伯格的理论。这项研究的对象不是培养中的组织，而是活的动物，研究人员把放射性追踪物质注入患有癌症的老鼠体内，然后仔细测量老鼠的呼吸率，结果发现它们发酵作用的速率比正常的高出很多，与沃伯格教授所预测的一样。

按照沃伯格教授建立的标准，大部分的杀虫剂与除草剂都完全符合致癌物的标准。比如我们在前面几章所提到的，许多氯化碳氢化合物、酚类，以及除草剂都会干扰细胞的氧化作用及能量生产的过程。也就是说：各种化学品可能通过这种方式，创造出休眠的癌细胞，这些细胞一直处于休眠状态，说不定在哪一天它们就醒过来惊悚地登场。

染色体可能是通往癌症的另一条途径。这个领域的很多著名的研究人员带着怀疑的眼光看待一切破坏染色体、干扰细胞分裂或引起突变的因素。虽然有关突变的研究，多半针对生殖细胞及其对后代的影响，但是身体细胞也会产生突变。根据癌症起源的突变理论，在放射线及化学物质的影响下，细胞会发生突变，变得不受细胞分裂的正常机制所控制。因而能没有规律地大肆增长。这种细胞分裂所生成的子细胞也有不受机体控制的能力，因此，这些细胞会不断累积，适时形成肿瘤。

也有研究人员指出，癌细胞的染色体很不稳定，容易受损，数目也不正常，有时在一个细胞中甚至会出现两套染色体。

最先查明染色体异常会导致癌症的人，是在纽约史隆—克特林学院工作的艾伯特·李凡和约翰·比瑟。到底是先有癌症，还是先有染色体异常？他们毫不迟疑地答道："染色体异常先开始。"他

们推测，染色体一开始受损的时候，在一段很长的时间内会很不稳定（即潜伏期），经过好几代细胞分裂与尝试错误之后，才会产生一套突变的组合，以逃脱细胞的控制，为所欲为地增生，增生出来的就是肿瘤。

最早提出染色体不稳定会导致癌症的人，也包括欧文·温基在内；他认为染色体数目加倍的现象特别重要。六氯化苯及其相关化合物——林丹，在几个不一样的植物实验中，都同样造成染色体数目倍增，而且有充分的记录显示：这两种物质可能会造成致命的贫血症；这难道是巧合吗？至于其他会干扰细胞分裂、破坏染色体、导致突变的杀虫剂，又是如何呢？

我们很容易便可以看出，接触放射线或化学物质容易罹患白血病的原因。致癌物最主要的目标，就是分裂特别活跃的细胞。这种细胞有许多种，其中最重要的是造血细胞，在我们的一生中，骨髓是制造红细胞的主要场所，每秒钟会把1000万个新血球送入血液中。白细胞是在淋巴腺形成的，但骨髓细胞也生产大量的白细胞，只是生产速率不定。

有些化学物质比如放射性的锶90，特别容易破坏骨髓。杀虫剂常用的成分——苯，会堆积在骨髓中可长达20个月之久，早在许多年前就有医学文献确定苯会造成白血病。

小孩身体中快速成长的组织也很适合癌细胞生长。伯纳曾指出：白血病不仅在世界范围内增加，而且已经变成三四岁儿童的常见病，其他疾病在这个年龄段没有如此高的发病率。他表示："三四岁儿童的患病率之所以会这么高，多半是因为他们在出生前后曾受到致癌物质的刺激。"

另一样致癌物是尿烷。给怀孕的母鼠喂尿烷，不但母鼠会得肺癌，连它们的幼鼠也会得肺癌。由于幼鼠只有在出生时才可能接触到尿烷，所以尿烷必然能通过胎盘，就如休柏博士所警告过的，接触到尿烷或相关物质的人，可能会将之传给胎儿，导致婴儿出生时就长出肿瘤。

和尿烷有关的除草剂，有 IPC 和 CIPC。虽然癌症专家曾一再警告，但这种氨基甲酸盐仍然很普遍，不但用于杀虫剂、除草剂和杀菌剂，也包含于其他种类的制品中，包括塑料、医药、衣服，以及绝缘物质等。

此外，有些因素也间接造成癌症。在正常情况下不会致癌的物质，可能会破坏身体某部分的正常功能，而导致癌症。例如，生殖系统的癌症，似乎和荷尔蒙失调有关，而这种失调又有可能是因为某些物质影响肝脏，使之无法调节性荷尔蒙浓度。氯化碳氢化合物正是这种物质，因为它们多少都对肝脏有害，才会间接引起这一类的癌症。

在正常情况下，性荷尔蒙当然存于体内，从事和各种生殖器官有关的功能。为了预防雄性或雌性荷尔蒙积累过多(两性体内都会产生这两种荷尔蒙，只是产量不同)，肝脏会保持两者的平衡。不过，如果肝脏受到疾病或化学物质的损害，或者维生素 B 群缺乏，雌性荷尔蒙就会增加到不正常的程度。

后果怎样呢？我们已经从动物实验得到充分的证据。洛克菲勒医学研究中心的研究人员发现，兔子的肝脏如果因病受损，就很容

易得子宫癌，因为肝脏无法抑制血液中雌性荷尔蒙的增长，使其浓度快速上升，最后变成癌症。用老鼠、天竺鼠及猴子所做的实验显示出，长期注射雌性荷尔蒙(剂量不一定很高)，会使生殖器官的组织发生变化，形成从良性肿瘤到恶性癌症等程度不一的后果。注射雌性荷尔蒙也会使仓鼠的肾脏长出肿瘤。

虽然医学界对这个问题意见有分歧，但是很多证据显示类似情况也会发生在人体身上，麦吉尔大学皇家维多利亚医院的研究人员发现，在150个子宫癌病例中，雌性荷尔蒙过高的病人就占了2/3。在另一个研究中，20个病例里有90%的病人有雌性荷尔蒙活性过高的现象。

因肝脏损坏而使雌性荷尔蒙无法被代谢掉，以医学界现有的检查步骤有时是检查不出的来。氯化碳氢化合物很容易造成这种后果，因为就像我们前面所看到的，只要极少量这种化合物就能改变肝细胞，同时也能造成维生素B群的流失。后者也是形成癌症重要的因素，因为这些维生素能预防癌症。已故的劳德斯曾任史隆－克特林癌症中心的主席，他发现如果给动物喂含丰富维生素B的酵母，即使动物们接触到化学致癌物，也不会得癌症。伴随维生素B短缺的病症有口腔癌以及消化道其他部位的癌症。不只在美国，在瑞典及芬兰北部，也有类似的情况，他们饮食中缺乏维生素B。肝癌罹患率高的人群，比如非洲的班图族，都是典型的营养不良。非洲部分地区的男性常患乳癌，也是和肝病及营养不良有关。战后的希腊在粮食缺乏期间，就曾发生过男性普遍乳房肿大的现象。

总而言之，杀虫剂或除草剂能间接致癌，是因为它们会破坏肝脏，减少维生素B的供应，导致身体所分泌的雌性荷尔蒙量增加，此外，我们也越来越常接触到种类广泛的人造雌性荷尔蒙——化妆品、医药及食物中所含有的，以及因职业上的需要所接触到的；所有这些影响如果全部结合起来，势必会造成严重的后果。

人类接触致癌物质（包括杀虫剂），是不能控制的，也是多种多样的，而且接触的次数往往不止一次，也可能会通过不同的方式接触到同一种物质，砷就是一个例子。每个人的环境中，都充斥着形态不一的砷：空气污染、水质污染、食物中的化学物残余、医药、化妆品、木材防腐剂，或是颜料及墨水的色剂。或许单单接触上述其中一种物质还不致引发癌症，但由于其他化学品"安全剂量"的累积，任何一次单一接触都可能使天平倾斜。

这种病变也可能是两种以上不同的致癌物叠加所致。例如：接触到DDT的人，必定也曾接触到有害肝脏的碳氢化合物，因为它的用途广泛，如溶剂、除漆剂、去油剂、干洗剂，以及麻醉剂等。那么，DDT的安全剂量应该是多少呢？

更复杂的是，化学物质可以彼此作用，有些癌症需要两种化学物一起作用才会引发，其中一种增高细胞或组织的敏感度，使另一种物质发挥作用，而导致癌症。因此，IPC和CIPC等除草剂也许会诱发皮肤癌，种下恶性瘤的因子，而让其他化学物质，如一般用的清洁剂，去完成病变。

物理作用与化学物质之间，也会互相作用。白血病的形成或许有两个步骤，由X放射线引发，再由化学物质如尿烷等去促成。人类受到的各种辐射日渐增多，加上各种化学品的接触，对现代社会

构成了一个新的、严峻的问题。

受到放射性物质污染的水源，又是另一个问题。由于水中也含有化学物质，所以放射性物质可能会借离子辐射的作用，以无法预测的方式重接编排原子的位置，形成性质不同的新物质。

全美国的水质污染专家都在担心公共水源会普遍遭受清洁剂污染的问题。现有水质处理方法不能去除清洁剂，虽然清洁剂通常不会致癌，却能改变消化道的内膜组织，使危险的化学物质更容易被吸收，间接造成癌症的并发。但是这种情况谁能预料？又有谁能加以控制？除了零剂量外，致癌物还有什么剂量是"安全"的？

对于环境中的致癌物，我们冒着生命危险一直在容忍，从最近发生的一件事情可以清楚看出来。1961 年春天，属于美国联邦或州政府以及私人所有的鱼卵孵化场，大量虹鳟鱼患上肝癌；美国东部与西部的虹鳟也都受到感染，有些地区甚至所有 3 岁以上的虹鳟都得了癌症。国家癌症研究院的环境癌症组，事先就和鱼类与野生生物管理局立下协议，所有罹患癌症的鱼类都必须向该研究院报告，以尽早向民众发出水质污染致癌的警告。

目前人们还在研究这种流行病发生的真正原因，初步证据显示是由鱼饲料中的某种物质所引起。这种饲料里头除了基本食料，还添加了多种化学物质和药用剂。

从鳟鱼的事件我们可以了解到，把致癌物带入环境中会有什么后果。休柏博士认为这个事件给了我们严重的警告，必须严加管制环境中致癌物的数量与种类。他表示："如果不采取预防措施，类似的灾难迟早会发生在人类身上。"

正如一位研究人员所说的，我们正生活在一片"致癌物的汪洋大海"中。这真是一个令人失望的发现，让人觉得气馁、灰心。很多人都觉得："这一切不是很无望吗？""难道不能设法把环境中的致癌物去除吗？""我们不是应该集中精力进行研究，找出治疗癌症的方法吗？"

对于这种问题，休柏博士给出的答案是令人尊敬的，因为他凭着多年的杰出研究工作，经过深思熟虑，结合一生的研究和经验才得出论断。他认为当今人类面临癌症的情况，和19世纪末人类面对传染病的情形很类似。因为巴斯德和柯霍杰的杰出工作，病原生物与许多疾病的关系已经确立。也因此，医学人士甚至一般大众才逐渐感受到人的环境中有无数能够致病的微生物，就好像今天人们意识到环境中充斥着致癌物一样。

目前，大部分的传染病都已受到相当有效的控制，有些甚至已经销声匿迹。预防与治疗双管齐下才达成了这些辉煌的医学成果。很多人以为是"仙丹""妙方"的功劳，其实对付传染病的主要功臣，是去除环境中的病原体。举例来说，在100多年前，伦敦霍乱猖獗，有位名叫约翰·史诺的医生，发现病情都集中在一个地区，而当地居民都用布罗德街的抽水机取水。史诺医生决定马上采取措施，把所有抽水机的把手拆掉了。传染病竟然停止了蔓延。这不是靠仙丹把霍乱的病原体杀死(当时还没有人知道是什么病原体)，而是把病原体从环境中排除。即使是治疗方法，除了使病人康复外，也有减少传染病源的效果。今天患肺结核的人已经不多，就是因为一般人接触结核菌的机会已经减小了很多。

今天我们的世界充满了致癌物，把全部或大部分精力用在寻求治疗癌症的方法这种应对措施，依休柏博士的看法必然失败，因为大量致癌物质仍然未受任何影响，它们致病的速度要比尚不确定的"疗法"控制疾病的速度快得多。

为什么我们迟迟不采取预防措施对付癌症呢？休柏博士表示："比起预防措施，癌症治疗比较具体，也比较令人兴奋、着迷，而所得报酬也比较高。"然而，预防癌症形成的思路"绝对是更加人道的"，而且"一定比癌症疗法更加有效"。休柏博士从来不愿相信"早餐前服一粒神丹就能预防癌症"。一般人会有这种不切实际的想法，是因为他们以为癌症虽然神秘，但却是一个疾病，致病的原因只有一种，而或许也只有一种可以治疗的方法。当然，事实绝对不是这样；环境所致的癌症是由种类繁多的化学物质及物理作用所引起的，因此癌症在生理学上的形成也各有不同。

即使医学上早就应许会有真的"突破"到来，也不会是所有癌症的万灵丹。虽然研究治疗癌症患者的方法一定要继续，但是不要以为解决办法有一天会突然出现，把一切癌症一举清除；这些办法将会缓慢地，一步一步地出现。我们在寄希望寻找妙方上花了上百万的资金，却忽略了预防癌症的大好机会。

情况绝对还不到无望的时候，甚至比 19 世纪末传染病流行的时期光明得多。那时到处都有病原体，就像今天到处充满了致癌物一样；只不过人类并没有把病原体放入环境中，病菌蔓延也不是人们有意造成的，然而，环境中大部分的致癌物却都是人放进去的，只要我们愿意，我们就可以把它们去掉。致癌物通常以两种方式进入我们的世界，第一种是由于人们要求更好、更简便的生活；第二种是由于制造和销售这些化学物质已成为我们经济与生活方式的一部分。

当然，要把所有化学性致癌物从现代世界中去除是不切实际的想法；但许多化学物质都不是生活上的必需品，去除这些物质可以大大减轻致癌物的数量，而且每4个人之中就有1人患癌的风险也就可以降低很多。我们应该拿出魄力，把污染食物、水源及大气中的致癌物清除，因为这是最危险的致癌途径——经年累月，每天一而再，再而三地一丁点、一丁点地吸收。

在癌症研究的领域中，有很多人看法和休柏博士一样，觉得认清环境中的致癌物，把这些物质去掉或减低用量，可以使癌症罹患率大为降低。对于已经患有癌症的，当然治疗上的研究得继续进行，但是对于还没有得癌症或尚未出生的下一代，实施预防措施才是当务之急。

鉴赏与思考

每四个人中就会有一个癌症患者，这并不是危言耸听，作者用大量的科学论证了这一事实，而化学物质作为主要的致癌物恐怕难逃其咎。许多的病例和医学专家的研究证实了化学物质对人体产生的致命损害。所以在遍尝苦果的时候，人类也应该思考如何采取预防措施，不仅是降低癌症罹患率，更是为了我们的子孙后代。

第十五章

大自然的反扑

名师带你读

为什么用化学物质控制的问题在十几年之后又卷土重来了？为什么用杀虫剂消灭的蜘蛛反而繁殖得更厉害？地球上的昆虫能被人们所控制吗？

我们冒了这么多危险，努力去改造大自然并满足我们的需要，最后还是没有达到目的，这实在是个讽刺。事实上，不用说大家都知道，自然界是不容易被改造的，而昆虫也在设法克服我们对它们展开的化学战。

荷兰的生物学家白吉尔表示："大自然中最令人赞叹的就是昆虫。对它们而言，没有什么是不可能的。深入研究昆虫的人，会不断因其神奇的能力感到惊讶无比。"

　　这种"不可能"的事，现在正以两种攻势展开。第一种是经由基因选择的过程，昆虫已发展出抗药性，这一点将在下一章讨论。另一个牵涉更广的问题，我们的化学品正在削弱环境内部的防线，而正是这样的防线制约着各个物种的平衡。每一次我们破坏这些防线，就会有更多的昆虫蜂拥而来。

　　从世界各地的报告显示，我们已经有了大麻烦。化学防治法用了十几年，昆虫学家却发现，几年前以为已经解决的问题，现在又回来困扰他们。以前数量不多的昆虫，现在已增加到危及人类利益的程度。化学防治法的本质，就是自毁性的，因为它的设计与应用均未考虑到生物复杂的系统结构。人们可以用化学物质对抗少数个别种类的昆虫，却无法对抗整个生物群落。

　　目前有些人以为，大自然的平衡是早期世界比较单纯时的事，而现在已经有太多的改变，没有必要再去谈它。又有些人以为这只是一种假说，不足为据，今天的自然平衡自然已经不同于古老的世纪，但它仍然存在着。生物间复杂、精确、高度统一的关系不容忽视，否则就像站在悬崖边却蔑视重力的人一样，终将受到重力定律的惩罚。自然的平衡不是一种固定的状况，而是流动的，不断变化的，一直都在调适当中。人类也是平衡中的一部分，有时平衡对人有利，有时——往往由于人自己的所作所为，使平衡转为不利。

　　现代的昆虫防治计划，忽略了两个重要的事实：第一个是对昆虫真正有效的控制是由自然界，而不是人类完成的。生物的数量是由生态学家所谓的"环境防御作用"所控制，而这种防御作用早在第一个生命出现的时候就开始了，食物、气候以及敌人都非常重要。

生物学家罗伯特·梅特卡夫说："防止昆虫泛滥的最重要的因素，是它们互相残杀。"然而大部分的杀虫剂把所有昆虫都杀死了，不管是敌人或是朋友。

第二个被忽略的事实是，一旦环境防御的作用被削弱，昆虫的繁殖能力就会发生爆发性的增强。许多生物的繁殖力是超乎我们所能想象的，记得在学校念书的时候，我曾在一个装有干草和水的瓶子中加了几滴草履虫的培养液，几天后瓶子里就出现难以计数的小生命，每一只小如尘埃的草履虫，在这个有适合的温度、丰富的食物，又没有敌人的天堂里肆无忌惮地繁殖着。我又想到在海边看到的那附在石块上的一望无际的藤壶，和成群游过的水母，绵延不绝，仿佛和水融为一体了。

从鳕鱼冬天到产卵地产卵的现象就可以看出大自然神奇的控制能力。每一只雌性鳕鱼可产下数百万个卵，若鳕鱼的每一个子孙都存活下来，海里势必要挤满鳕鱼，但事实并非如此。自然的控制法则是：每数百万只幼鱼中，平均只有一两只能顺利成长成成熟的个体，繁衍下一代。

生物学家们常常会自娱自乐式地假想，如果意外的灾难发生，自然的制约遭到破坏，一个生物的所有后代都得以存活，会是怎样的景象？ 100 多年前，赫胥黎就曾估计，仅仅一只雌性蚜虫(这种虫不须交配就能繁殖)在一年之中所能生产的蚜虫子孙，就和他那时代的中国人一样多！

幸好这只是理论，但研究动物繁殖的人都知道，破坏大自然的结构将会造成什么悲惨的后果。美国畜牧业者拼命屠杀土狼，使得田鼠数量蹿升，因为没有土狼捕食田鼠。亚利桑那州凯巴布高原的鹿也是一个例子。有一段时期鹿的数量是和环境保持平衡的，野狼、豹和土狼等会捕食它们，使鹿群的数量维持平衡，食物来源也不致缺乏；但后来人们开始实施了一个"保护"计划，把鹿的天敌——食肉动物都消灭了。结果鹿群开始大量繁殖，很快它们就出现了食物短缺的现象。树上没有叶子的地方也越来越高，于是饿死的鹿比以前被野兽猎杀的数量还多。整个环境也因此被破坏了。

田野和森林中的捕食性昆虫起着和捕食鹿的野狼和土狼一样的作用；杀了它们，它们猎捕的对象数目就会大幅蹿升。

没有人知道地球上究竟有多少种昆虫，因为还有很多昆虫不被人认识，但已知有70多万种；也就是说从种类数量来看，地球上的生物有70—80％都是昆虫。大部分昆虫的数量都是大自然控制的，不受人为的干扰。如果不是这样，真不知道需要多少化学物品(或者其他方法)才可能控制昆虫数量。

问题是，"天敌"对生态平衡的这种作用常常被我们忽视。大部分人对世界的美妙、神奇及其他生命多半视而不见，所以很少有人知道捕食性昆虫及寄生虫的作用。或许我们已经注意到花园的树丛上有长相奇怪、狰狞的螳螂，也大概知道它们吃其他昆虫，但是只有在晚上带着手电筒去花园，看到螳螂偷偷潜近猎物的真实场景，才会了解猎手与猎物的关系。那时候，我们就会感受到大自然自我控制的强大力量。

猎食昆虫的动物种类很多，有的动作很快，像燕子一样在半空中攫取猎物；有的在树干上慢慢行走，把像蚜虫那样静止不动的昆

虫捡来吃掉；黄蜂捕捉身体柔软的昆虫，让幼蜂吸吮其汁液；抹泥蜂在屋檐下建造泥巢，并在里面放上昆虫以备幼蜂食用；马蜂在牛群上空飞舞，捕食骚扰牛群的吸血蝇；嗡嗡叫的食蚜虻蝇，往往被误认为是蜜蜂，它们把卵产在有蚜虫的植物上，孵出的幼虫就有无数的蚜虫可以吃；瓢虫是蚜虫、介壳虫及其他吃植物的昆虫的克星，每只瓢虫可以吃掉数百只蚜虫，这样才能吸收足够的能量去产卵。

寄生昆虫的习性更为特别。它们不会直接杀死宿主，而是通过各种适应性变化，利用宿主喂养自己的幼虫。它们在宿主的幼虫或卵里面产卵，使孵出的幼虫慢慢把宿主吃掉。有的用黏液把卵黏在毛虫身上，卵一孵化，幼虫便钻入宿主体内。有的具有先见之明，只要把卵产在叶子上，就会有前来觅食的毛虫不小心把卵吃下去。

在田野、树篱、花园、森林的每个地方，都能看到捕食性昆虫和寄生性昆虫的身影。在池塘上空，蜻蜓飞来飞去，翅膀在阳光的照耀下闪闪发亮，它们的祖先曾在大型爬虫类居住的沼泽上方穿梭飞翔，现在它们也和远古时代一样，用锐利的目光捕捉空中的蚊子，用篮子状的腿把蚊子网住。在水中，蜻蜓的幼蛹也在捕食水生阶段的蚊子幼虫和其他昆虫。

在绿叶上有一只几乎看不见的草蜻蛉，它长着罗纱般的绿翅翅膀和金黄色的眼睛，生性胆怯，是二叠纪一种古老物种的后代。草蜻蛉成虫主要是吃植物的蜜汁及蚜虫的蜜露，时候一到它们便把卵一一产在叶子上。幼虫身上带有刚毛，叫作蚜狮，它们会捕捉蚜虫、介壳虫或螨，吸吮它们的汁液。蚜狮最后会结成丝茧，度过蛹期，但在这之前，要吃掉几百只的蚜虫。

　　另外还有许多蜂类和蝇类，它们的幼虫借着吃食其他昆虫的卵或幼虫为生，卵蜂的幼虫是寄生在其他昆虫的卵中，它们虽然很微小，但是由于它们的数量多，活动频繁，许多破坏庄稼的昆虫数量因此得到控制。

　　这些微小的生物都在工作，不分白天黑夜，不论晴天还是下雨，甚至寒冷的冬天把它们的生命之火降到只有灰烬，它们仍在不停地工作。冬天，这种生命力也在隐隐地燃烧着，等待春天万物复苏的时候重新焕发生机。在这段等待的时间，白雪的覆盖下，结冻的土壤中，树皮的隙缝里，以及隐秘的洞穴内，捕食性与寄生性昆虫都有度过寒冬的方法。

　　螳螂把卵产在灌木的枝干上，卵的外层有纸状的薄膜保护着，而产完卵的母亲的生命，就和夏日的消逝一起结束了。

　　雌性的小黄蜂，躲在阁楼的角落，身上带有受精卵，其存活关系到它族群的未来，因为它是唯一的生存者。在春天，它先用纸造一个巢。然后下几个卵，小心地把几只工蜂养大，然后借着工蜂的帮助，它会把巢扩大，发展出一个群落，这些工蜂将在炎炎夏日中无休止地辛勤工作，消灭无数的毛虫。

　　所以，基于它们的生活方式，以及我们的需要，这些昆虫都是我们的盟友，使自然平衡对我们有利。然而，我们却把炮火对准盟友。更可怕的是，我们低估了它们的价值，没有它们，危害我们的生物就可以把我们打垮。

　　随着每一年杀虫剂数量、种类及毒性的增多加强，环境阻抗性也愈来愈弱。将来，传染疾病或破坏农作物的昆虫数量暴增的现象

将会更多，情况会更严重。你可能会说："是啊！但这不都是理论吗？应该不会真的发生——至少不会在我有生之年发生。"

但是，现在就已经在发生了。1958年以前，科学刊物就已经记录有50多种昆虫严重破坏自然平衡的现象，且每年都有新的案例发生。有关杀虫剂破坏昆虫数量的平衡，而危害到人类的利益这方面的文章，一共有215篇。

有时，化学喷洒使得要杀灭的昆虫数量反而增加。例如：在加利福尼亚州的安大略，喷药后蚋的数量竟增加了17倍。而在英国喷洒了一种有机磷化学物质之后，白菜蚜虫数量也暴增，规模是前所未见的。

有时，喷药对预定要扑灭的昆虫相当有效，但却好像打开潘多拉的盒子一样，过去无害的昆虫纷纷出笼。例如螨，在DDT和其他杀虫剂把它们的敌人杀光后，它们就变成了全世界的害虫，其实螨不是昆虫，而是有八只脚的动物，和蜘蛛、蝎子及扁虱属于同一类。它们的嘴适合穿刺与吮吸汁液，最喜欢的食物是叶绿素；因此会用细小而锐利的嘴穿破树叶或松针的外层细胞，吸食叶绿素。长有螨的树木会有杂色斑点，如果螨的数量太多，树叶就会变黄而掉落。

这也是几年前发生在美国西部国家森林的一个例子。1956年美国林务局用DDT喷洒近88.5万英亩的林地，目的是防治云杉卷叶蛾。但第二年夏天，问题变得比卷叶蛾肆虐更为严重。从空中观察树林可以看到一大片受摧残的地区，原来壮观的花旗松已经变黄，针叶也已经脱落。在海伦那国家森林及大带山西边的山坡，以及其他从蒙特拿州到爱达荷州的森林，看起来就像被火烧了一样。很明显，1957 年夏天经历了历史上最大规模、最严重的螨侵袭。几乎所有喷药的地区都受到影响。没有别的地方比这里更严重。森林管理人员记得过去也有过螨患的例子，但是没这么严重。在 1929 年，黄石公园麦迪逊河沿岸，在 1949 年科罗拉多河，接着在 1956 年的新墨西哥州，都曾发生过类似的情况，每一次都是在喷过杀虫剂之后发生的。(1929 年那一次还没有发明 DDT，所以用的是砷酸铅。)

为什么螨遇到杀虫剂会繁殖得更加迅速呢？除了不大受杀虫剂影响之外，还有两个原因。在大自然中许多捕食螨的昆虫，如瓢虫、瘿蝇、捕食性螨类及掠食性虫子等，对杀虫剂都特别敏感。另一个原因和螨族群本身的繁殖压力有关。不受干扰的螨族群是个密集的团体，都挤在大家分泌的保护网下面逃避敌人的攻击。喷药之后，螨虽然不会死，但他会感到不适而纷纷四散寻求安全之处。如此，它们得以找到比以前躲在族群里更大的空间和更丰盛的食物，而且既然敌人都死了，就没有必要再浪费能量分泌保护网。于是，它们把所有的能量都用来生产更多的螨。得益于杀虫剂的施用，它们的产卵数量常常可以增加到平常的 3 倍。

在弗吉尼亚州著名的苹果种植区——雪伦多亚河谷，当人们一开始用 DDT 取代砷酸铅，红线卷叶虫的数量就大幅增加，这种昆虫以前从未造成什么损害，可是 DDT 使用后，红线卷叶虫变成对苹果树最具伤害力的害虫，受害的苹果树高达 50%；此外，随着 DDT 使用率的增高，类似情况也发生在美国东部及中西部。

这种情形十分具有讽刺意味。20 世纪 40 年代末期，加拿大的诺法斯科西亚省定期喷洒药物的苹果园都遭到最严重的蛀心蛾灾

害，而没有喷药的苹果园，蛀心蛾的数量并没有多到造成危害的程度。

苏丹的东部地区，种植棉花的农民也有使用DDT所带来的痛苦经验。在加什三角洲，有6万英亩的棉花田都由同一个灌溉系统供水，最先试用DDT时效果非常好，所以人们就常常喷药，之后麻烦就开始了。对棉花危害最大的是棉铃虫；但是，DDT喷的药越多，棉铃虫就越多。没有喷药的棉花田，受害反而没那么严重；而喷过两次药的棉田，棉花籽的收成量明显地下降了。虽然有些吃棉叶的昆虫不再为害，但喷药得到的利益还是无法弥补棉铃虫造成的危害。最后种植棉花的农民不得不面对事实，如果他们省下喷药的费用和精力，他们的收成应该会更好。

在刚果和乌干达，为了防治咖啡树的害虫，人们大量喷洒DDT，结果灾情惨重。害虫本身几乎完全不受DDT的影响，但捕食害虫的昆虫却极为敏感地被DDT消灭了。在美国，农民反复地用一种害虫去换危害更大的另一种害虫，因为农药喷洒把昆虫界的动态平衡全部扰乱了。最近实施的两项大规模喷洒计划，造成了同样的后果。第一项是南方施行的消灭火蚁的计划，还有一项是中西部为消灭日本甲虫的计划（请参阅第七章和第十章）。

1957年在路易斯安那州，农民大量使用七氯，结果解放出甘蔗最危险的敌人——甘蔗螟虫。喷洒七氯不久后，螟虫的危害迅速增加，为消灭火蚁而用七氯，却反而把螟虫的天敌杀死。作物遭受严重损失，农民们试图控告州政府没有提醒他们这样的后果。

伊利诺伊州的农民，也得到同样惨痛的教训，为了防治日本甲虫，该州东部喷洒了大量的狄氏剂。之后，农民发现玉米螟虫在喷药区数量大增。确实，在这一地区，玉米田里的螟虫幼虫比其他地区的玉米田多一倍。农民可能还不知道原因，但不用科学家提醒他们也该知道喷药实在是一笔亏本生意。为了要去除一种昆虫，结果得承受危害更大的另一种昆虫的惩罚。据美国农业局的估计，每年美国因日本甲虫的损失有 1000 万美元，而因玉米螟虫的损失有8500 万美元。

值得注意的是，过去都是大自然的力量在控制螟虫的数量，这种昆虫是在 1917 年由欧洲意外引进美国，两年之内美国政府就找到一种可作为生物防治法的寄生虫，将它引进美国。之后，又从东方与欧洲花巨资引进 24 种寄生虫，其中有 5 种已被认定具有防治的功效。但不用说也知道，所有努力可能都白费了，由于喷药杀死了玉米螟虫的天敌，这些努力取得的成果现在都化为乌有了。

如果你不相信这件事，我们再来看看加利福尼亚州柑橘树的状况。19 世纪 80 年代，世界上最著名也最成功的生物防治实验，就是在加利福尼亚州进行的。1872 年，在加利福尼亚州发现了吸食柑橘树汁的介壳虫；在接下来的 15 年间，介壳虫肆虐为患，许多果园完全没有收成，柑橘产业面临危机，很多农民干脆把果树拔除，放弃了种植。后来从澳洲引进了一种介壳虫的寄生虫，这是一种叫作维达利亚的小瓢虫。两年之内，全加利福尼亚州种柑橘的地区不再有介壳虫为害。自此之后，你在柑橘园找上几天，也不会找到一只介壳虫。

然而，到了 20 世纪 40 年代，果农开始试用新奇的化学物质来

消灭其他昆虫。随着DDT及毒性更强的其他化学物质的相继出现，加利福尼亚州许多地区的维达利亚被杀得一干二净，进口维达利亚只花了政府5000美元，但是每年为果农挽回了几百万美元的损失。但是，由于一时的轻率行为，这样的收益全没了。介壳虫很快猖獗起来，造成的危害比过去50年都多。

柑橘试验所的保罗•戴巴哈博士说："这可能标志着一个时代的结束。"现在要防治介壳虫已经变得复杂无比。只有通过反复放养和小心地控制喷药计划，才能保存维达利亚，减少它们与杀虫剂的接触。然而不管柑橘果农怎么做，还是会受到邻近耕地所有人的影响，因为从周围飘浮过来的杀虫剂就会造成严重的后果。

上述所有的例子，都和危害农作物的昆虫有关。而那些带来疾病的昆虫又怎样了呢？已有预警出现了。例如：南太平洋的尼新岛在第二次世界大战期间曾大量喷洒过杀虫剂，但战后就不再喷洒。没过多久，带着疟疾病菌的蚊子在岛上患难成灾，但捕食蚊子的昆虫已经被杀虫剂杀光，使蚊子数量暴涨。马歇尔•赖得在描述这件事时，把化学防治法比作脚踏车，一旦我们踏上去，就会因为害怕后果而不敢停下来。

在某些国家，喷药引起疾病的方式各不相同。不知道是什么原因，软体动物几乎不会受到杀虫剂的影响，同样的现象已发生过好几次。在佛罗里达州咸水沼泽区喷药后，只有淡水螺存活下来。当时的景象非常可怕，颇有超现实的气氛，螺慢慢地爬过鱼的尸体和垂死的螃蟹，吞食着致命的毒雨杀死的生物。

这一切有什么重要意义呢？因为许多淡水螺是寄生虫的宿主，

这些寄生虫在生命周期中，有一段时间住在软体动物里，有一段时间在人体中度过。血吸虫就是一个例子。人如果泡在有血吸虫的水中，血吸虫就会穿过皮肤进入人体，或者由饮水进入人体，造成严重的疾病。螺会把血吸虫排入水中，在亚洲及部分非洲地区特别普遍。如果实施化学防治，使螺的数量增加，可能会引起严重的后果。

当然，不只人类会罹患螺引起的疾病；牛、羊、鹿、兔子及其他各种温血动物的肝病可能是由肝吸虫造成的，肝吸虫也有部分生命期住在淡水螺内。有肝吸虫的动物肝脏不适于人类食用，否则会受到法律制裁。因此，美国牧畜者每年会损失 350 万美元。任何有助于螺增长的活动，都会让这一问题变得更加严重。

过去 10 年中，这些问题已经造成巨大阴影，但我们的认识却来得异常缓慢。最适于研发与运用自然防治的人，往往在葡萄园忙着从事化学防治。1960 年，美国所有经济昆虫学家只有 2% 的人在研究生物防治法，其他 98% 的人，都在研究化学性杀虫剂。

为什么会出现这样的情况？一些主要的化学公司正把大量资金投到大学，支持杀虫剂方面的研究。这就创造了诱人的研究生奖学金和研究院职位。而生物控制法方面，完全没有捐助可言，理由很简单，这种方法不会让化学公司赚钱，所以这方面的研究只能留给联邦及州政府机构，而那里的工作人员薪水却少得可怜。

这种情形正可以解释为什么某些卓越的昆虫学家会大力提倡化学防治。一问这些人的背景，便会发现他们的整个研究计划都是化学公司资助的，他们职业上的名望，甚至工作，可能都要仰赖化学方法的兴旺长存。我们能期望他们恩将仇报吗？既然他们的立场并

不中立，他们宣称杀虫剂无害的说辞我们能够相信吗？

在一片以化学物质为主要防治方法的声浪中，还是有少数几个昆虫学家偶尔提出报告宣扬生物防治法，这些人清楚知道自己既非化学家，也非工程师，而是生物学家。

美国的雅各布曾经宣称："许多所谓的经济昆虫学家的作为，似乎表明他们认为问题的解答就在喷嘴管口……如果虫害再度发生，害虫产生抗药性，或者哺乳动物中毒等问题出现，化学家就会准备另一种药方。我认为这种看法是错误的……终究只有生物学家才能解决虫害的问题。"

诺法斯克细亚的毕凯特写道："经济昆虫学家应该了解，他们对付的对象是活的东西……他们的工作，应不只限于测试杀虫剂或寻求毒性更高的化学物质。"毕凯特博士是生物昆虫防治的先锋，他研究的防治方法有效地利用了捕食性昆虫和寄生虫。他和他的同事研究出的方法，在今天是首屈一指的，在美国，唯有加利福尼亚州几位昆虫学家的防治计划能赶上他的水平。

毕凯特博士在 35 年前，在诺法斯克细亚安那波利山谷的苹果园开始进行研究。该区曾是加拿大水果种植密度最高的地方。当时人们以为杀虫剂（当时仍是无机化学物质）可以解决虫害的问题，只需教果农如何施用就行了。但美丽的预言并未实现，不知怎么的，昆虫还是在那里。新的化学物质用了，更好的喷药器具也发明了，人们对喷药也更加狂热，但是虫害问题并没有好转。后来，人们又说 DDT 能够"终结苹果卷叶蛾爆发的噩梦"。结果用了 DDT 以后，发生了史无前例的螨灾，毕凯特博士说："我们从这个危机转到那个危机，只不过是拿一个问题去换另一个问题。"

这时，毕凯特博士和他的同事另寻途径开发新方法，而其他昆虫学家仍在继续研究毒性更强的化学药物。毕凯特博士等人认识到大自然和他们是站在同一阵地的，因此设计了一个计划，最大限度地利用自然防治而少用杀虫剂防治虫灾。用杀虫剂时只用最小剂量，毒性强到能毒死害虫，但不致毒死益虫。喷洒的时间也很重要，如果在苹果花变成粉红色之后而非之前喷洒硫酸烟碱，就不会毒死一种重要的捕食性昆虫，因为那时它们可能还在卵期。

毕凯特博士在选择化学药品上特别小心，尽量使捕食性及寄生性昆虫不致受到影响。他说："当人们用DDT、对硫磷、氯丹及其他新式杀虫剂，就好像过去用无机化学物质那么平常时，对生物防治有兴趣的昆虫学家只有投降了。"他用的不是这些毒性强，影响范围广的杀虫剂，而主要是雷安尼亚(从一种热带植物的地下茎提炼出来)、硫酸烟碱，以及砷酸铅。在特殊情况下，他也用浓度极低的DDT或马拉硫磷(每100加仑中1或2盎司，而非一般常用的每100加仑1或2磅)。虽然这两种是现代杀虫剂中毒性最弱的，毕凯特博士还是希望日后能改用更安全、对昆虫毒害更具选择性的物质。

他的计划效果如何呢？采用他的改良式喷洒计划的果农，水果收成和质量与大量喷洒化学药物的果农一样好，成本也低了很多，诺法斯克细亚的果农花在杀虫剂上的钱，只有其他地方的10—20%。

更重要的是，改良式的方法不会严重破坏大自然的平衡。加拿

大的昆虫学家尤利叶在 10 年前提出和他一样的看法："我们应该改变我们的态度，放弃人类至上的观念；并且承认在限制生物数量方面，我们从自然环境中找到的方法往往比我们自己的构想更富经济效益。"今天，他的想法已经得到验证。

鉴赏与思考

人们为了消灭几只害虫，不惜发明越来越强大的化学物质，结果怎样呢？虫害短暂地得到了控制，但是十几年之后，所有被认为解决了的问题全部都卷土重来了。作者通过长期的观察和取证，告诉人们，大自然具有不可控制的能力。用化学物质来控制自然就是从一个火坑跳进另一个火坑。

思考 但是，是不是所有人仍然在这种忍耐中沉睡着呢？最先苏醒的人们有令人惊喜的进展吗？

第十六章

大灾难的征兆

名师带你读

　　为什么昆虫的抗药性问题越来越严重？为什么化学工业部门不愿面对抗药性的事实？抗药性昆虫有什么样的特点？

　　如果达尔文今天还活着，昆虫世界将会使他又惊又喜，因为昆虫证实了适者生存的理论。在强力的化学药物的喷洒之下，比较弱的昆虫就被淘汰了，只有最强壮、最能适应的留下来对抗我们想要扑灭它们所做的努力。

　　50年前，华盛顿州立学院昆虫学系的美兰德教授问了一个理论上的问题："昆虫能产生抗药性吗？"如果他不知道答案，或很晚才知道，那是因为他太早问这个问题了，在还没有DDT以前，无机化学物质的用量以今天的标准来看实在很少，而喷药后能存活的

昆虫，不过寥寥数只。美兰德教授在对付圣荷西介壳虫时曾遇到困难，几年来喷洒石硫合剂的效果一直都很令人满意，但是后来在华盛顿州的克拉顿地区，介壳虫的数量竟然回升，且比其他地方的介壳虫更难扑灭。

突然间，美国其他地区的介壳虫好像也变得一样不易消除，就算果农再怎么勤于喷药，剂量用得再多也无济于事。中西部上千亩的上好果园，就被具有抗药性的昆虫给破坏殆尽了。

在加利福尼亚州，用帆布把树罩起来，再用氢氰酸熏蒸这种历史悠久的方法在一些地区产生了不好的结果。因此，加利福尼亚柑橘实验中心开始研究这个问题，这项研究从 1915 年开始一直持续了 25 年。20 世纪 20 年代，苹果卷叶蛾也获得了抗药性，在这之前，人们已用了砷酸铅 40 年，效果一直都很好。

然后，DDT 及其相关物质引来了抗药性时代。几年之内，一个危险的问题就显现出来，稍微了解一些简单的昆虫知识或动物种群动力学知识的人都不会感到惊讶。但人们却迟迟无法领悟到昆虫具有对抗化学物质的能力，现在看来，只有那些关注带病昆虫的人才完全明白当时的紧急状况；大多数农学家们仍然指望新的、毒性更强的化学品研制出来，而当前的困境正是这种似是而非的推理造成的。

虽然人们迟迟不能了解昆虫抗药性的现象，抗药性本身的发展却很快。在 1945 年前，只有大约 12 种昆虫具有抗药性，这时还没有 DDT。但是自从新式的有机化学物质问世，以及新的喷洒方式开发以来，有抗药性的昆虫种类急剧上升，在 1960 年这一数字已经达到 137 种，想必会继续增大。目前有关这方面已经发表的专业性文章，就超过 1000 篇。世界卫生组织已向全世界 300 多个科学家求救，宣布："抗药性是目前控制病媒计划中最重要的问题。"英国著名的动物群体学专家查尔斯·埃尔顿博士说："我们现在看到的，只是大灾难前的预兆。"

有时候抗药性会发展得非常快，以至于一篇关于使用某种化学品成功控制一种昆虫的报告墨迹还没干，另一篇修改版的报告就要发布了。例如在南非，牧牛业者长期被壁虱所困扰，有的农场一年就损失 600 头牛。壁虱近年来对砷液已经有抗药性，后来试用六氯化苯，在短时间内情况似乎有所改善。1949 年初期，有报告宣称有抗砷性的壁虱可以轻易用新的化学物质对付；同一年，又不得不发表学说——壁虱已经产生了抗药性。这种情况促使一位作家在 1950 年的《皮革贸易评论》杂志中写道："如果人们了解了事件的重要性，科学圈悄然流传的消息和国外媒体报道的新闻足以像原子弹那样上头条新闻。"

虽然昆虫抗药性主要是和农业、造林业有关，可是也是事关大众健康的问题。昆虫和人类的疾病自古以来就是密不可分的，蚊子可以把单细胞的疟菌注入人的血液中，此外还有其他蚊子传播黄热病和脑炎。家蝇虽不会咬人，却会让人的食物污染到痢疾杆菌，同时它在世界许多地区也是眼疾的主要传播媒介；还有其他昆虫传播的疾病诸如体虱传播的伤寒、鼠蚤的鼠疫、采采蝇的非洲睡眠症、壁虱的各种热病等等。

这些都是亟待解决的难题，没有人能漠视昆虫所传播的疾病，

问题是，现有的方法正在使情况快速恶化，再用同样的方法去解决这个问题是明智之举吗？我们听了很多控制昆虫传播媒介而战胜传染病的故事，却很少听到故事的另一面——失败，或短暂的胜利；后者又再次证明，我们的努力只会使昆虫更强壮，更糟的是，我们可能已经破坏了作战的武器。

世界卫生组织聘请加拿大著名的昆虫学家布朗博士，全面调查抗药性的问题。1958 年，布朗博士在发表的著作上写道："距公共卫生计划开始运用强力人造杀虫剂不到 10 年，现今技术上最大的问题是，以前可以控制的昆虫已经产生了抗药性。"世界卫生组织除了出版布朗博士的著作外，还警告说："如果再继续用猛烈的手段对付昆虫传播的疾病，如疟疾、伤寒及鼠疫等，将会有严重的后患，除非能尽快解决抗药性的问题。"

会有什么后患呢？具有抗药性的昆虫，几乎包括所有医学上有重大影响的种类，虽然蚋、白蛉及采采蝇还未产生抗药性，但是目前全球的家蝇与壁虱都已经有了抗药性，疟蚊扑灭计划受阻是因为疟蚊已经具有抗药性，鼠疫的主要媒介——东方鼠蚤，已证实有抗 DDT 的能力；全世界许多国家，都有许许多多其他种类的昆虫产生抗药性的报道。

医学上首次使用现代杀虫剂是在 1943 年的意大利。当时，盟军政府把 DDT 药粉洒向人群，成功地治好了斑疹伤寒。两年之后，又用大量 DDT 扑灭疟蚊。一年后才有麻烦的征兆出现，家蝇和疟蚊开始有抗药性。1948 年，人们试着在 DDT 的基础上添加新的化学物质——氯丹。这次的效果持续了 2 年之久，但是到了 1950 年 8

月，抗氯丹的家蝇出现了，而在同年年底，所有的家蝇和疟蚊似乎都不再受到氯丹的影响。抗药性的产生，和新的化学物质投入应用一样快速。到了1951年底，DDT、氯化甲醇、氯丹、七氯及六氯化苯都不再有效了，而家蝇，已经"多得出奇"了。

20世纪40年代末期，在意大利的萨丁尼亚也发生同样的事；在丹麦，含DDT的杀虫剂是在1944年开始使用的，1947年对许多地区的苍蝇已经不再奏效。在埃及一些地区，家蝇在1948年前就已经有了抗DDT的能力，改用六氯化苯后，效果也持续不到1年，有个埃及村庄的例子特别能突显这个问题：1950年时，人们用杀虫剂对灭蝇还很有效，同年的婴儿死亡率降了将近50%；然而隔了1年，家蝇已具有抗DDT和氯丹的能力，家蝇的数量也恢复到和以前一样多，婴儿死亡率也一样回升了。

在美国的田纳西河流域，能抗DDT的苍蝇在1948年就已经很普遍了，接着在其他地区的情况同样如此。改用狄氏剂的效果也很糟，因为有些地区的苍蝇，在不到两个月的时间就产生了抗药性，在用过所有能用的氯化碳氢化合物后，当局又立即改用有机磷化合物，但是同样的事情又发生了，目前专家们的结论是："杀虫剂对家蝇已经毫无效用，只能回头来用普通的卫生措施了。"

最早运用DDT而效果最为人所津津乐道的，就是在意大利拿波里开展的体虱消灭计划。数年之后，1945—1946年间的冬天，困扰日本与韩国200多万人的体虱，也再度让DDT成功地消灭干净。但是在1948年，西班牙企图扑灭伤寒病菌的计划并未成功；虽然如此，实验室测试的结果却相当好，使昆虫学家相信体虱不会发展

出抗药性，1950—1951 年冬天，韩国发生了令人惊异的事件；在韩国士兵身上喷 DDT，体虱的数量反而增多了，从他们身上收集体虱测试时发现，5% 的 DDT 药粉不能引起虱子自然死亡率的增加。在日本东京板桥区收容所的流浪汉，以及叙利亚、约旦和埃及东部难民营的虱子身上也出现了同样的测试结果；因此这就可以证实 DDT 对防治体虱和消灭伤寒是无效的。到了 1957 年，发现抗 DDT 虱子的国家扩展到伊朗、土耳其、埃塞俄比亚、西非、南非、秘鲁、智利、德国、南斯拉夫、阿富汗、乌干达、墨西哥，以及坦噶尼喀。此时，早期在意大利的成功也就失去了意义。

最早对 DDT 产生抗药性的疟蚊，首先在希腊出现。1946 年大规模喷洒之后，效果很好，不过到了 1949 年，有人注意到很多成蚊聚集在陆桥下，而喷过 DDT 的房屋和畜棚并没有它们的踪迹，很快，疟蚊在屋外聚集的地点扩展到洞穴、仓库、水沟，以及橘子树叶和树干上，显然疟蚊对 DDT 已经产生了抗药性，只需要逃到屋外休息一下就能康复。几个月之后，它们已经能留在屋里，在喷过 DDT 的墙壁上休息。

上述的例子不过是前兆罢了，目前的形势更加严重。产生抗药性的蚊子，正以惊人的速率不断增加。到了 1956 年，只有 5 种蚊子具有抗药性，到了 1960 年，已经增加到 28 种，包括西非、中东地区、中美洲、印度尼西亚，以及东欧等地区的疟蚊。

至于其他种的蚊子，情况也是一样；其中有些是传播他种疾病的媒介。在世界上很多地区，有一种生长在热带的蚊子能传播导致血丝虫病(某些血丝虫会在人体淋巴系统中繁殖，造成感染者四肢与性器官异常肥厚肿大。传播这些丝虫的媒蚊是热带家蚊。)的寄生虫，如今，这种热带蚊已经产生高度的抗药性。在美国，传播某种脑炎的蚊子也具有抗药性。更严重的是，这个问题也发生在散播黄热病的蚊子上；几个世纪以来，黄热病一直是一种最可怕的传染病，而且具有抗药性的蚊子媒介，已经在东南亚出现，在加勒比海地区也已相当普遍。

抗药性对疟疾及其他疾病的后果，世界各地已有记录出现。1954年，在特利尼达突然暴发黄热病大流行，因为没有药物可以遏止蚊子的滋生。在印度尼西亚和伊朗也暴发过疟疾大流行。在希腊、尼日利亚和利比里亚，蚊子仍在传播疟原虫。在美国乔治亚州，本来苍蝇防治已经减少了痢疾罹患率，但是一年左右罹患率又回升了；在埃及，也因为苍蝇防治使急性结膜炎病例减少了很多，但好景维持到1950年就消失了。

此外，佛罗里达州咸水沼泽里的蚊子也已经出现了有抗药性的症状。这些蚊子不携带病菌，所以对人类健康没有重大影响，但是却干扰了人们的经济活动，因为这些成群嗜血的蚊子使佛罗里达州沿岸的广大区域不适合居住，虽然有灭蚊计划，可是效果不理想，而且就算有，成效也是短暂的。

一般的家蚊也在各处产生抗药性；就凭这一点，小区人员就应该停止定时大量喷洒杀虫剂的措施。在意大利、以色列、日本、法国，以及美国各州，如加利福尼亚州、俄亥俄州、新泽西州及马萨诸塞州等地，这种蚊子已经能抵抗多种杀虫剂，特别是人们所通用的DDT。

　　另一个问题是壁虱。散播斑疹热的木壁虱最近已产生抗药性，而犬褐壁虱的抗药性早就经过了证实。这对人和狗都是大问题；犬褐壁虱是亚热带的品种，因此在北方如新泽西州出现时，冬天必须住在有暖气的建筑物里，而不是户外。1959 年夏季，美国自然博物馆的约翰·巴利斯特在报告中提到，他接到许多从中央公园附近公寓打来的电话，他说："有时整栋公寓都有小壁虱，很难去除。狗在中央公园染上了虱子，然后虱子开始产卵，并在公寓里孵化。DDT、氯丹或大部分现代杀虫剂都没有什么效用。纽约市在过去是很少有壁虱的，现在却到处都是，从纽约、长岛、维斯切斯一直到康涅狄克州都有，特别是过去 5、6 年间。"

　　在北美洲许多地区，德国蟑螂也已对氯丹产生抗药性。过去氯丹是灭虫者最得心应手的武器，可现在他们不得不改用有机磷化合物。不过，抗药性使灭虫者面临着下一步没有杀虫剂可用的问题。

　　负责扑灭昆虫传染性疾病的机构，在抗药性产生的时候只是从一种杀虫剂换到另一种而已，然而，就算化学研究员能不断供应新的杀虫剂，也不能永无止境如此下去，布朗博士指出：我们正走在一条"单行道"上，没有人知道路有多长，如果在扑灭传播疾病的昆虫之前就走到死胡同，那我们麻烦就大了。

　　至于破坏农作物的昆虫，情况也是一样的。早期使用无机化学物质的时代，大约有 12 种和农业有关的昆虫具有抗药性，现在这数字又增加了许多，有 DDT、六氯化苯、林丹、毒杀芬、狄氏剂、艾氏剂，甚至人们抱有很大希望的有机磷化合物。1960 年，破坏农作物的昆虫中已有 65 种具有抗药性。

首例对 DDT 产生抗药性的农业昆虫于 1951 年出现在美国，距 DDT 开始使用才不过 6 年时间。或许问题最大的是卷叶蛾，在全世界几乎所有种植苹果的地区，卷叶蛾都已经有了抗药性。而具抗药性的白菜虫又是另一个严重的问题。美国许多地区的马铃薯虫也具有抗药性，除了 6 种不同种类的棉铃虫外，还包括蓟马、果蝇、浮尘子、刺蛾、螨、蚜虫及铁线虫等等。

对于抗药性的问题，化学公司不想承认这一令人不愉快的事实。到 1959 年，有 100 多种昆虫确定已经显示出抗药性，但是在农业化学界，甚至有一份重要的刊物还在讨论抗药性是"真实的还是想象的"这个问题。即使化学工业界不再关注，问题依然存在，而且还有一些经济方面的问题。化学物质防治昆虫的费用一直在持续上涨，囤积杀虫剂不再是个办法，因为今天最有效的杀虫剂可能明天就失去效用了，用大量财力宣传杀虫剂可能收不回成本，因为昆虫再度证明对付大自然是不能用蛮力的。而且，无论科技的发展有多快，即使有新的杀虫剂发明出来，我们终会发现，昆虫还是略胜一筹。

恐怕连达尔文自己也找不到比昆虫的抗药性更好的例子来说明物竞天择的道理了。每一只昆虫的结构、行为与生理都不相同，唯有最强壮的才能抵抗化学物质，而弱者就被淘汰了。存活的昆虫，都有某种特质让它们逃过化学物质的毒害，这些就成为新一代昆虫的父母，单借着遗传，新的一代便具有这种"强壮"的特质。所以喷洒的化学物质威力越强，后果就越糟糕这一现实是不可避免的。经过几代之后，族群的成员已经由一个有强有弱的种类变成了一个完全具有抗药性的超强群种了。

　　昆虫发展抗药性的方法也许有很多种，但是还没有人充分了解其中的过程。有些昆虫似乎因为具有优越的构造而逃过了化学物质的防治，但是并无证据支持这种想法。不过，某些种类具有免疫力倒是真的，这个结论是从白吉尔博士的研究得来的，他曾在丹麦斯宾福比的虫害防治所观察苍蝇，他写道："它们在 DDT 里自由自在地玩乐，就好像原始的巫师在烧红的煤炭上面跳跃一样。"

　　其他国家也有类似的发现。在马来西亚的吉隆坡，蚊子起先一碰到 DDT 就赶快离开室内，等产生抗药性后，它们就能留在喷有 DDT 的墙上休息。在台湾南部有个军营，从中搜集的壁虱身上竟然沾有 DDT 的粉末。若把这些壁虱放在喷过 DDT 的布上，它们仍能活一个月，而且照常产卵，幼虱也顺利孵化、长大。

　　不过，抗药性并不一定全是依赖于身体的特殊构造。对 DDT 有抗药性的苍蝇具有一种酶，可将 DDT 转化为毒性较低的 DDE。只有具有抗 DDT 遗传因素的苍蝇才有这种酶。当然，这是有遗传性的。至于苍蝇和其他昆虫是如何解毒有机磷化合物，这一过程还不是很清楚。

　　昆虫的某种活动习性，可能也有助于它们产生抗药性。有人注意到，有抗药性的苍蝇多停留在没有喷过药剂的平面上。而家蝇则停在同一个地方动也不动，以致大大减少和杀虫剂接触的机会。有些疟蚊，一遇喷洒就赶快飞到户外，减少和 DDT 接触的时间。

　　发展抗药性通常需要 2—3 年的时间，但是有时只需一季的时间甚至更短，而长的则可能要 6 年，每年昆虫能产生多少代，对于抗药性的发展极为重要，而这一方面又因种类和气候而异。例如：

加拿大的苍蝇发展抗药性比美国南方的苍蝇慢，因为南方长而炙热的夏天会大大加快苍蝇的繁殖速率。

有时，人们会满怀希望地问道："如果昆虫能产生抗药性，人类是否也能？"理论上是可以，不过将花上数百或数千年，所以对现况于事无补。抗药性不是在个人身上发生的？如果他天生就有某种特质，比别人不易中毒，则他很有可能会存活下来生儿育女。因此，抗药性是在一群人中经过数代之后发展出来的。人的繁殖率大约是每一百年有三代，而昆虫的新一代却可以在几天或几个星期中产生。

荷兰植物保护局局长白吉尔博士认为："有时宁可牺牲一点，也不要什么都不愿牺牲，以致断送最后制胜的武器，最实际的方法应是'喷得越少越好'，而不是'喷得越多越好'……尽量不要对害虫施加压力。"

不幸的是，美国农业局并不采纳这种建议。该局 1952 年的年鉴谈的全是昆虫，他们知道昆虫会产生抗药性，却说道："要防治昆虫，势必要增加喷药次数或剂量才行。"他们倒没提到，等到所有杀虫剂都用光了，只剩下能把地球上除昆虫以外的所有其他生命都消灭的物质可用时，怎么办？白吉尔博士说道："显然，我们正走上一条危险的路。……我们必须努力研究其他防治昆虫的方法，不是化学性的，而是生物性的方法。我们的目标，应该是小心地将大自然引向我们想要的方向，而不是使用蛮力……我们需要有长远的眼光与理想，而这却是许多研究人员所缺乏的。生命是一个奇迹，超越了我们的理解。甚至在我们不得不与它斗争的时候，我们都要心存敬畏……使用杀虫剂武器充分证明了我们的知识匮乏和能力不

足。如果懂得指引自然发展方向，完全不必使用蛮力。在这里，我们需要的是谦卑的态度，还不是自以为是。"

鉴赏与思考

本章列举了全世界各地的昆虫产生抗药性的案例，不管是美国、加拿大、丹麦，还是非洲、印度尼西亚和东欧，世界各地关于昆虫抗药性的报告不断传来。这说明了什么问题呢？过去化学家们煞费心机地发明的化学物质不仅没有解决问题，反而导致了更严重的问题的发生。显而易见，那些被化学物质要消灭的对象都变得比以往更强大。

思考 人类花了很大的代价证明了：化学物质并不是终止虫害的正确道路，那正确的出路究竟在哪里呢？

第十七章

另一条路

名师带你读

　　作者说的"人迹罕至的路"是什么路？在新的道路上人们取得了哪些战果？你知道什么是"生物控制学"吗？

　　我们正站在两条路的岔路口上。但是与罗伯特·弗罗斯特的著名诗歌中的路不一样，这两条路截然不同。我们一直在走那条看起来很容易走的路，那是一条平坦的高速公路，我们能在上面快速前进，但是，等在这条路的终点却是个大灾难。另一条路上，人迹罕至，却为我们提供了最后的、唯一的，可以保护地球的安全的机会。

　　毕竟我们有权利选择。如果我们在忍受许多痛苦之后，终于决定我们有"知情权"，并且在知道真相以后，认为我们的冒险既可怕又没有意义，那么我们就不应该再继续听从那些叫我们用毒药污

染世界的专家，而应该找找看还有什么路可走。

要防治昆虫，有许多方法可以取代化学物质；有些已经在使用中，而且效果明显，有些则在试验当中，另外还有一些在科学家的想象里，正在等机会付诸实行。这些方法有个共同点：都是生物性方法。依据的是科学家对昆虫的了解，以及这些昆虫所属的生命之网。生物学上的各类专家——昆虫学家、病理学家、遗传学家、生理学家、生化学家以及生态学家，都在倾注全力，用知识和创造力来发展生物性防治的新科学。

约翰·霍金斯大学的斯旺森教授表示：每一种科学都像一条河，其源头隐约朦胧，不引人注目，有急流和浅滩，有干旱也有泛滥的时候。它集合许多研究人员的动力，并接收其他思想，借着观念和法则，变深变广而渐渐演化出来。

生物性防治法的科学，也是如此形成。它在美国一百多年前的起源鲜有人知。当时有人引进昆虫的天敌，却反而给农民添麻烦；这门科学的发展时而缓慢，时而停滞，但在成功案例的促进下常常能够加快速度、突飞猛进。某一段干旱的时期，应用昆虫学受了新奇的杀虫剂的迷惑，离弃生物防治法，一脚踩下"化学性防治法的踏板"，生物防治科学也就进入干涸时期。把有害的昆虫从世界上消灭掉的目标越来越渺茫，最后情况清楚显示，滥用化学物质对我们自己的威胁比对昆虫还大，于是生物性防治的河流由于新思想的注入，再度流动起来。

最令人向往的方法，是利用昆虫本身的力量对付昆虫。其中有一种方法是使雄性昆虫失去繁殖能力，这是美国农业局昆虫研究部主任尼普林博士和他的同事研发出来的。

大约 25 年前，尼普林博士提出一种特殊的昆虫防治法，使人们大吃了一惊。他的理论是，如果能使数量繁多的昆虫失去生殖能力，那么把它们释放出去，它们就会和野生的族群竞争，成功的话，雌虫只能产下未受精的卵，这样它们的数量就会慢慢减少。

官方对此构想无动于衷，而科学家也抱着怀疑的态度，不过尼普林博士并没有因此打消念头。在试验前最大的问题，是必须找到破坏昆虫生殖力的方法。学术界自 1928 年以来就知道 X 光可以破坏昆虫的生殖力；当时一位名叫伦纳的昆虫学家发表说，X 光使烟草虫失去生殖力，20 世纪 20 年代末期，荷曼·米勒最先发现 X 光能造成突变，因而在此领域开创出一个新局面。到了 20 世纪 50 年代，就已经发现 X 光或伽马射线至少可以使 12 种昆虫失去生殖力。

但这都仅止于实验，离实际应用还有一段距离。大约在 1950 年，尼普林博士开始研究如何破坏螺旋虫蝇的生殖力，这种昆虫是南方畜牧业的主要害虫；雌虫在温血动物的伤口上产卵，孵出的虫是寄生性的，以宿主的肉为食。成年公牛可以因感染太多寄生虫，10 天内死去；据估计，美国畜牧业每年的损失达 4000 万美元，野生生物的损失很难估计，但想必也是很大的。德克萨斯州某些地区的鹿很少，就是因为螺旋虫蝇的缘故。螺旋虫蝇是热带或亚热带的昆虫，它们主要居住在中、南美洲和墨西哥，在美国只有西南部有。然而，在 1933 年，有人从外地将它带入了佛罗里达州，那里的气候使它们安然度过冬天，因而建立起大批族群。它们也进入亚拉巴马州和乔治亚州南部，很快，南部各州的畜牧业每年的损失便高达

2000万美元。德克萨斯州的农业局对螺旋虫蝇已经研究了好几年，所以对它们的生理习性已经有些许了解，尼普林博士在佛罗里达州的小岛做过初步实验后，便于1954年决定全面测试他的理论。在荷兰政府的安排下，他去了离大陆至少50英里的加勒比海地区的库拉索岛。

从1954年8月开始，在佛罗里达州农业局实验室培养出无生殖力的螺旋虫蝇，送到库拉索岛，由飞机释放出去，每周每平方英里释出大约400只，实验几乎刚一开始，羊身上的虫卵就立刻减少了，而且卵的孵出率也降低了。7周之后，所有的卵都是未受精的；很快就再也找不到一颗卵，无论是受精或未受精的。的确，库拉索岛的螺旋虫蝇已经被完全消灭了。

库拉索岛实验的成功引起了巨大的轰动，佛罗里达州的畜牧业者都希望借用这种方法除掉螺旋虫蝇的祸患。虽然难度的确高出许多——面积比库拉索岛大300倍，但1957年，美国农业局和佛罗里达州政府同时拨款进行这个计划，在计划中，一座特别建造的"虫蝇工厂"每星期要生产大约5000万只螺旋虫蝇，每天用20架轻型飞机根据预定的路线飞行，每架飞机载着1000个纸箱子，每个纸箱子有200—400只照过X射线的螺旋虫蝇。

1957年到1958年的冬天正好特别冷，佛罗里达州北部气温降至零度，使螺旋虫蝇的数量减少并集中在小范围里，17个月之后，计划进行到尾声，有35亿只人工培养、无生殖能力的螺旋虫蝇在佛罗里达州及乔治亚州与亚拉巴马州部分地区释放出去。最后一件螺旋虫蝇导致动物伤口感染的案例发生在1959年的2月，之后数周也捕到几只成虫，但是后来就再也没有它们的踪迹。这一计划的成功，证明了科学创造力的价值，是充分的基础研究、毅力和决心共同作用的结晶。

目前在紧邻密西西比州的地方有一道用来预防西南部的螺旋虫蝇入侵的防疫线，要灭绝那里的螺旋虫蝇恐怕任务更艰巨，因为范围太大，而且灭绝之后它们可能还会从墨西哥进来。但是由于牵涉到的金钱损失太大，农业局已经计划至少要把这种昆虫的数量降到最低，并且打算不久就在德克萨斯州及西南部其他地方试行。

螺旋虫蝇计划的辉煌成就，使人们相继尝试以同样方法运用在其他昆虫上，当然，并非所有昆虫都适用这种方法，因为那是要依昆虫的生活习性、繁殖密度和它们对 X 射线的反应来定的。

英国已经开始试验用这个方法来消灭罗德西亚的采采蝇。非洲大约 1/3 的土地都有采采蝇的踪迹，对人类的健康造成很大的威胁，同时也导致 450 多万平方英里的牧地不再适合放牧。采采蝇的生活习性和螺旋虫蝇截然不同，虽然可以用 X 射线破坏采采蝇的生殖力，但实际应用之前仍有一些技术难题需要解决。

英国已经测试过 X 射线对许多种昆虫的影响，而美国科学界初期的实验结果，例如在夏威夷的实验室以及偏远罗达岛的野外实验，都有很好的成效，玉米螟虫及甘蔗螟虫也已测试过。此外，对人体健康有危害的昆虫或许也可用这种方法防范。智利的科学家已经发现杀虫剂对疟蚊没有效果，因此，释出无生殖力的雄蚊，便可能有助于消除疟蚊。

由于用 X 射线破坏昆虫生殖力有明显的困难，因此科学家也一

直在研究是否有更简单的方法，目前化学性不孕剂已经表现出了明显的潜力。

在佛罗里达州奥兰多的美国农业局实验室，科学家正尝试把化学物质适当地掺杂在食物里以破坏家蝇的生殖力。1961年，在佛罗里达州的钥匙岛也做过同样试验，结果在短短5个星期之间，苍蝇几乎全遭灭绝，当然从其他岛过来的苍蝇很快又使当地苍蝇数量回升，但是这个试验可以算是成功的。农业局对这方法如此热衷是可以理解的，正如我们所看到的，杀虫剂对家蝇根本就没有影响力，所以势必要采取完全不一样的方法。用X射线破坏生殖力的问题在于，不但必须人工培养昆虫，而且释出的数量必须比野生的多。由于螺旋虫蝇的数量并不算多，所以这种方法可行，但要释出比现有数量多一倍的家蝇，恐怕会有很高的反对声，即使苍蝇数量只是暂时性增高也是一样。至于用化学物质破坏昆虫生殖力就不同了，可以将它混在食物中，放在家蝇的天然环境中，吃进食物的家蝇就会失去生殖力，假以时日，没有生殖力的家蝇就会增多，最后自己灭亡。

测试这种破坏昆虫生殖力的化学物质，比测试杀虫剂要困难得多。每一种物质要花30天才能评估效力；当然多种试验可以同时进行。然而，在1958年4月到1961年12月期间，奥兰多实验室进行了数百种化学物的实验，结果只找到几种有潜力的，不过农业局对这样的结果已经很高兴了。

目前该局其他实验室也投入了研究，用化学物质测试蚊蝇、棉花象鼻虫以及各式各样的果蝇。这些现在都还在实验阶段，但是在短短数年中，已经有很大的进展。理论上，这种方法有很多吸引人的特质。尼普林博士曾指出，此方法"可能很容易就达到比最好的杀虫剂更佳的效果"，想想看，如果有100万只昆虫，每一代繁殖5次；如果杀虫剂每代能杀死90%，在第三代还有125000只存活；相反，化学物质如果能使90%的昆虫失去生殖力，到第三代就只剩下125只了。

不过，这种方法的缺点是使用的化学物质可能毒性很强。幸运的是，在早期阶段，研究绝育剂的人们会注意选取安全的化学品和安全的使用方法。不过，也有人建议用空中喷洒的方式，例如在舞毒蛾吃的叶子上喷上药物。但是如果没有周详的研究，这种方法并不妥当。我们应该时时谨记这种物质潜在的危险，否则将会比杀虫剂造成的后果还要严重。

目前在这方面正在测试的化学物质，一般可分为两类：两者的作用都极为有趣。第一种和细胞的新陈代谢有关；亦即和细胞所需的物质非常类似，以至于生物误以为是真的，而将它引入正常的代谢过程；但是由于此物质和生物的代谢并不完全契合，使得代谢作用无法继续进行，这种化学物质叫作抗代谢物质。

第二种化学物质的作用是针对染色体的，它可能会影响基因的化学成分，使染色体断裂。这种物质属于烷基化剂，能严重破坏细胞，伤害染色体，造成突变。伦敦柴斯特·比提研究院的亚历山大博士认为："对破坏昆虫生殖力很有效的烷基化剂，必定也是强效的突变剂或致癌物。"他觉得在昆虫防治上运用这种方法，将会受到激烈的反对。因此，但愿目前在这方面的实验不会导致日后真的要采用这些物质，而是发现其他较安全且只针对昆虫作用的药剂。

最近又发现了其他有趣的方法，运用的是昆虫自己的产物。昆虫能分泌各种各样的毒液、诱引物质及排斥物质。这些分泌物的化学性质是什么？我们能否用来当作杀虫剂？康乃尔大学及各地的科学家正在寻求解答，研究昆虫保护自己以对抗猎捕者的机制，找出分泌物的化学结构。另有科学家在研究所谓的"幼年荷尔蒙"，这种强效物质能阻止幼虫在达到适当发育阶段之前发生变态。

在研究昆虫分泌物方面最实用的，或许是昆虫的诱引物质。从中，我们再度看到大自然指示的方向。舞毒蛾是一个特别有趣的例子：雌蛾因为太重无法飞翔，只好在地面生活，最高只能飞到低矮的植物上或沿着树干爬上去。相反地，雄蛾却很能飞，从雌蛾某腺体发出来的一种气味，能吸引雄蛾自很远的地方飞过来。昆虫学家已经花了好几年时间，利用这一特性，辛苦地从雌蛾中抽取出这种性诱引物质，然后，在舞毒蛾出没的地区，将此物质放在诱捕器中吸引雄蛾。但是这种方法相当昂贵，虽然北部各州舞毒蛾繁多，还是不够用来抽取所需物质。因此，必须从欧洲进口人工捡拾的雌蛹，费用有时高达0.5美金一只。后来经过数年的努力，农业局终于有了突破，成功地抽取出诱引物质。之后又成功地从蓖麻油中抽取相关物质来合成诱引剂，不但能骗过雄蛾，而且吸引力明显和天然的一样强，只要在诱捕器里放一微克(1/1000000克)就能够生效。

所有这些不只限于学术上的研究，新而便宜的舞毒蛾诱引剂不仅可以用于昆虫调查工作，还可以用于昆虫防治，而其他方面的用途也正在测试当中。在另一个可称为心理战的实验中，是把诱引剂和粉状物质混合，用飞机散播，目的在混淆雄蛾，使其改变正常行为，在雌蛾散发气味时找不到方位。用这种方式欺骗雄蛾，使之和假雌蛾交配。在实验室里，雄蛾曾试图和木片、蛭石及种种小而不动的对象交配，只要这些东西散发出舞毒蛾诱引剂。这种转移舞毒蛾交配本能的方式能否使数量降低，还有待测试，但是至少是个可能的防治方式。

舞毒蛾诱引剂是第一种人工合成的昆虫性诱引剂，可能很快就会有更多的品种。人们已在研究是否能人工合成诱引剂，以吸引侵害农作物的昆虫，对麦蝇和烟草角蝇的研究，已经有了令人振奋的结果。

又有人试着将诱引剂与毒药混合，扑灭了许多昆虫种类。美国政府的科学家已经发展出一种诱引剂，称为"甲基丁香酚"，能吸引雄性东方果实蝇和香瓜蝇。日本南方450英里的地方有个小笠原群岛，就曾把这种诱引剂和毒药混合，放入纤维板浸泡，然后用飞机将之洒遍所有小岛，以诱杀雄蝇。这个计划叫作"消灭雄蝇"，于1960年展开，一年之后农业局估计，99%以上的苍蝇都被消灭了。这种方法有一般杀虫剂没有的优点；所用的毒药——有机磷化合物，只局限在纤维板上，野生生物不大可能会误食，此外，化学残余很快便会消散，不会污染到土壤或水质。

然而，昆虫彼此的沟通并不只靠诱引剂或排斥剂，声音也可用于警示或吸引作用。蝙蝠飞翔时发出的超音波(作用和雷达一样，引导它们在黑暗中飞行)，有些飞蛾听得见，而能逃开避免被捕。寄生性蝇鼓翅飞动的响声，某些锯蜂的幼虫听见了就会群集起来进行防卫。而对雄蚊子来说，雌蚊拍翼的声音极具诱惑力。

　　昆虫这种对声音反应的能力，我们能如何利用呢？有个有趣的计划目前仍在实验阶段，研究人员用预先录下的雌蚊飞翔的声音来引诱雄蚊，雄蚊便被引到通有电流的铁网然后被电死。加拿大正在试着用超音波驱逐玉米螟虫和切根虫。夏威夷大学的休柏·佛林斯与马赛·佛林斯教授是动物声音研究的权威，他们深信只要能发现昆虫发声及听音的主要机制，就可运用这个知识发展出影响昆虫行为的方法。具有排斥作用的声音可能比具有吸引力的声音有用；两位佛林斯教授发现，八哥一听到录音机放出它们同伴的尖叫声，就会四处飞散。昆虫或许也会有这种行为，对讲究实际的工业界来说，这种方法似乎很可行。现在，至少有一家大电子公司准备要设立实验室进行测试。

　　声音也有直接的破坏作用，超音波可以杀死蚊子的幼虫，不过也会连带把其他水生生物杀死。此外，鼓蝇、面粉蝇及传染黄热病的蚊子都可以在数秒钟内，被空气中的超音波杀死。这些实验，是迈向新式昆虫防治的第一步，而电子技术将会实现这些构想。

　　新的昆虫防治计划，并不只是和人类发明的电子、伽马射线等产物有关。昆虫和人一样也会生病，就像古时候发生的鼠疫，昆虫受到细菌感染，族群也会减少或灭绝，而病毒也会使成群的昆虫生病、死亡。这些方法的依据是自古以来就有的。昆虫疾病在亚里士多德时代之前就已被人们所认知。中世纪诗歌中有对桑蚕疾病的描述。通过对桑蚕的疾病进行研究，巴斯德首次发现了传染病的原理。

　　不只是病毒和细菌，真菌、原生动物、微小的虫等微生物也会使昆虫生病。微生物不只是病原体，它们也能分解废物，肥沃土壤，进行发酵和硝化等作用。为什么不利用它们来防治昆虫？

最早想到利用微生物的人，是 19 世纪的动物学家爱利·米契尼哥夫。在 19 世纪末期和 20 世纪初期，用微生物防治昆虫的构想开始成形。在 20 世纪 30 年代，科学家成功地用乳白病控制了日本甲虫的数量，乳白病是杆菌属细菌的孢子所引起的。正如我在第七章提到的，这种细菌控制的方法在美国东部有着悠久的使用历史。

现在人们对另一种杆菌属的苏利菌正抱以很大的希望。这种细菌是在 1911 年，在德国的色林吉亚省发现的，因为它能使面粉蛾的幼虫罹患致命的败血症。其实，这种细菌致命凭借的是毒性而非疾病，因为它的孢子中含有某种特异的蛋白质，对某些昆虫具有非常强的毒性，特别是蝶蛾类的幼虫，在吃进含此毒物的叶子后不久，就会麻痹、停止进食，然后很快死亡。从实用性来看，它们停止进食就是相当大的优点，因为几乎一喷用毒物，农作物受损的情形就会停止。现在，美国的一些公司正在生产各种含有苏利杆菌芽孢的化合物。很多国家也正在进行野外试验；法国和德国试验的对象是白菜粉蝶的幼虫，南斯拉夫是美国白蛾，俄罗斯是天幕毛虫蛾。1961 年，为了解决严重困扰香蕉农民的根螟虫，巴拿马开始进行这个实验；根螟虫伤害香蕉的根部，导致香蕉树很容易被风吹倒。人们一直都在用狄氏剂消除根螟虫，但是根螟虫对狄氏剂已经产生了抗药性，而狄氏剂也杀死了一些重要的猎捕性昆虫，使卷叶蛾的数量大增，这种蛾的身体短小精壮，幼虫常在香蕉上留下疤痕。所以，人们寄希望于微生物杀虫剂，既能消灭根螟虫和卷叶蛾，同时又不致影响大自然的平衡。

　　在加拿大和美国的东部森林，要对付像卷叶蛾及舞毒蛾这类侵害森林的昆虫，细菌杀虫剂可能是唯一的方法。1960 年，这两个国家开始用商业生产的苏利菌进行野外试验，初步结果非常不错。例如：在佛蒙特州，效果和使用 DDT 一样好，但是有一个技术性问题，就是得想办法使孢子粘在常青树的针叶上。而对于农作物，这不是个问题，现在细菌杀虫剂已经用在种类繁多的蔬菜上了，特别是加利福尼亚州。

　　同时，也有其他不那么引人注目的研究，是围绕病毒展开的。加利福尼亚州的苜蓿田喷上一种能使苜蓿毛虫致命的溶液，溶液是被病毒毒死的毛虫身上分离出来的一种病毒，只要 5 只病死的毛虫，就能分离出足够的病毒处理一英亩的苜蓿田：在加拿大某些林地，病毒处理对卷叶蛾极为有效，甚至取代了杀虫剂。

　　在捷克，科学家已经用单细胞的微生物对付美国白蛾及其他害虫，而在美国也已经发现了一种寄生性单细胞的微生物能减少玉米螟虫产卵的数量。有些人听到微生物杀虫剂，可能会认为它也会给其他生命带来危险。然而并非如此，和化学物质不同的是，昆虫的病菌对其他生物是无害的。杰出的昆虫病理学权威爱德华·史坦郝斯博士强调说："无论是在实验室或在自然环境中，都没有确切证据表明昆虫病菌会感染脊椎动物。"昆虫的病菌感染对象是特定的，只是几种昆虫而已——有时甚至只有一种。就生物学上来看，它们和使高等动物或植物致病的生物并非同一种类。同时，正如史坦郝斯博士指出的，自然界的昆虫疾病爆发时，总是只限于昆虫，既不会影响宿主植物，也不会感染吃下病虫的动物。

　　昆虫有许多天敌，除微生物外，还有许多其他种昆虫。第一个想到可用昆虫天敌防治昆虫的人，当推伊拉斯马斯·达尔文，他在1880年试验了用一种昆虫对付另一种昆虫的方法。或许因为这是生物防治法中，第一个实际使用的方法，因此被大多数人认为这是除化学物质外唯一一种可行的办法。

　　在美国，传说的生物防治法其实是开始于1888年；当时艾伯特·科贝利到澳洲寻找吹棉介壳虫的天敌，吹棉介壳虫对加利福尼亚州的柑橘造成很大的危害；正如我们在第十五章所看到的，这次任务非常成功。在这之后的一百年来，全世界都在寻找昆虫的天敌，用来消灭不请自来的昆虫。在引进美国的猎捕性与寄生性昆虫中，总共大约有100种在美国繁殖成功。除了科贝利引进的瓢虫外，其他引进的昆虫也都有良好的成效。从日本引进的一种黄蜂，在东岸已经控制住了侵害苹果园的昆虫数量。自中东意外带进美国的斑点苜蓿蚜虫，也被引进的天敌消灭，挽回了加利福尼亚州的苜蓿种植业。猎捕性和寄生性昆虫成功地降低舞毒蛾数量，而小土蜂对日本甲虫也产生了同样效果。

　　采用生物法控制介壳虫和粉介壳虫后，据估计每年为加利福尼亚州省下数百万美元。据加利福尼亚州首屈一指的昆虫学家保罗·迪巴博士估计，加利福尼亚州在生物性防治上用的一笔400万美元的投资，已经收回了10亿美元。

　　在全世界40几个国家中都有这种自外国引进害虫的天敌而成功降低害虫数量的例子。这种方法比化学物质控制法更具有优势的是它比较便宜，效果长久，而且不会留下化学残余。然而，生

物性防治也缺乏经费，加利福尼亚州是唯一有正式生物性防治计划的州，很多州甚至连一位能完全投入这方面的昆虫学家都没有。可能正是因为经费不足的原因，昆虫天敌实现生物防治的方法还欠缺科学上的严密性。目前，生物防治对昆虫种群的影响还没有仔细研究过，昆虫投放也还不精确，而这种精确性可能就是成功与失败的关键。

捕食性昆虫与猎物并非单独存在，而是生命之网的一部分，所有这些都应在考虑范围内。或许采用生物性防治法最好的地点是森林，现代农业的农田大都人工化，基本不具有大自然的属性；森林就不同，比较接近天然的环境，在这里，只需要人类的一点点帮助，并尽可能地减少干预，大自然就会运用她自己的方式，建立奇妙而复杂的系统，去约束昆虫，使万物达到均衡，使森林免受昆虫的过度伤害。

在美国，森林管理人员在生物性防治方面，似乎只想到引进捕食性与寄生性的昆虫。加拿大人的视野更开阔，而有些欧洲国家更是遥遥领先，已经发展出了令人叹服的"森林卫生"的观念。鸟类、蚂蚁、蜘蛛及土中的细菌，和树木一样都是森林的一部分，欧洲的森林管理人员在造林的时候，都会小心加入这些具有保护性的部分。培育鸟类是第一个步骤。在现代的造林业中，空心老树都被砍除，啄木鸟和其他在树上筑巢的鸟儿失去了栖身之所。人们采取了补救的措施，比如使用巢箱，吸引鸟儿回到森林中，另外也制造一些箱子给猫头鹰和蝙蝠，让它们能在晚上取代白天鸟儿的工作，猎捕昆虫。

　　但是这些都只是个开始，欧洲有些森林还利用红蚁来控制昆虫。红蚁是侵略性很强的捕食性昆虫，可惜北美洲没有这种昆虫。大约在25年前，符兹堡大学的卡尔·葛斯瓦教授研究出培植这种蚂蚁的方法。在他的指导下，德国大约有90个测试地区繁殖了10000多个红蚁群，意大利及其他国家也引用葛斯瓦教授的方法，设立红蚁农场，供森林繁殖用。例如：在亚平宁山脉，为了保护新植林的地区已经设了好几百个红蚁窝。德国莫安森林管理官员海涅·鲁伯苏芬博士表示："如果森林有鸟类和红蚁的保护，再加上蝙蝠与猫头鹰，生物的平衡已经得到了明显的改善。"他认为引进一系列树木的"天然的朋友"，要比单单引进一种捕食性或寄生性生物要有效得多。

　　在莫安林地的新蚁群，都用铁丝网保护，以避免遭到啄木鸟啄食。因此，虽然有些试验区的啄木鸟数在十年间增加了4倍，红蚁的数量并未显著减少，而啄木鸟同时还啄食树上有害的昆虫。照顾蚁群(及鸟的巢箱)的工作，有许多是由当地10到14岁的儿童负责的，因此花费极低，对森林的保护却是永久的。

　　鲁伯苏芬博士的研究中另一个极为有趣的特点是对蜘蛛的利用，在这方面他算是一个先驱。虽然有关蜘蛛的分类及其习性的文献有很多，但都很分散，而且不完整，丝毫未谈及用于生物性防治上的价值。在已知的22000种蜘蛛中，德国有760种原生种(在美国则约2000种)。栖息在德国森林中的蜘蛛，则有29个科。

　　对森林研究人员而言，什么蜘蛛最重要，要看它结什么样的网。

结轮形网的蜘蛛最重要，因为这种网很密，能捕到所有飞行的昆虫。十字蜘蛛的大网（直径达 16 寸）上，有 12 万多个粘结。这种蜘蛛可以活 18 个月，每只大约能捕食 2000 只昆虫。在生态均衡的森林里，每平方公尺有 50—150 只蜘蛛。如果数目不够，可以添加蜘蛛茧状的卵袋。鲁伯苏芬博士表示：3 个蜂形蜘蛛（美国也有）的茧，可以孵出 1000 只蜘蛛，捕食 20 万只飞虫。他还强调：在春天孵出的轮网幼蛛特别重要，它们体型纤细，会一起在树上的嫩芽上结伞形的网，保护嫩芽不致被飞虫吃掉。随着蜘蛛蜕皮长大，网也会随着增大。

加拿大的生物学家也在引用这种方式，只是北美洲的森林大多是天然的，且能用来保护树林的生物种类也不同。加拿大人着眼于小型哺乳动物，它们可以有效地控制某些昆虫，尤其是生活在林地松软土层里的昆虫。

例如锯蜂，是因为雌蜂具有锯状的产卵管而得名。雌蜂用产卵管锯开常青树的针叶产卵，幼虫后来会跌落在地，在落叶松、枞树或松树下的半腐殖物下结茧。但在林地下，有许许多多的小隧道，是小哺乳动物如白足鼠、田鼠和各种鼩鼱建造的。其中，鼩鼱吃掉的蜂茧最多。它们会把前脚搭在茧上，从底部开吃，并能准确辨别是空茧还是实茧。这些鼩鼱贪婪的胃口几乎找不到对手。田鼠一天能吃 200 个茧，而鼩鼱则视种类而定，可能一天可以吃到 800 个。从实验室的测试得知，75—98％ 的蜂茧被消灭掉了。

难怪长期被锯蜂所扰的纽芬兰岛会在 1958 年引进防治锯蜂最有效的假面鼩鼱。1962 年，加拿大官员宣布说，计划很成功，鼩鼱繁殖得很好，而且遍及全岛，在离释放地点十里远的地方，还曾找到带有事先做好标记的鼩鼱。

所以，保护森林，增强森林天然均衡的人，只要愿意，就有许多方法可供选择。使用化学物质最多只能应急，并不能真正解决问题，而且还有可能杀死溪流中的鱼，引起昆虫肆虐，破坏天然的防治和我们所引进的生物。鲁伯苏芬博士说，用这种激烈的方式，森林中的生物完全失去平衡，虫害将不断发生，而且相隔时间会愈来愈短……因此，我们必须停用这种非自然的方法，以保存最后一片天然的生存空间。

我们必须透过这些新颖、富有想象力与创造力的方式，尝试去解决和其他生物共享地球所产生的问题。其中的重点在于，我们要知道我们应付的是活的生命，活的群体，有生存的压力，它们的数量会暴增也会锐减。唯有考虑到这些因素，小心地将它导向对我们有利的方向，我们才能和昆虫共存。

目前所流行的毒药，完全没有考虑到这些。采用化学物质就和原始人使用木棍一样不成熟，而人们就这样把化学物质扔进生命之网中；这生命之网一方面是脆弱易碎的，另一方面却也是强韧异常的，会以无法预期的方式反击。使用化学物质的人，一直都漠视生命这种非比寻常的能力，对工作没有崇高的理想，在意图改变自然时，没有谦恭的胸怀。

"控制自然"是一个妄自尊大的词汇，形成于生物学和哲学的初始阶段，当时人们以为自然是为人类而存在的；大部分昆虫学的观念与应用，都是从那时代来的。不幸的是，这么原始的科学，却

用最现代、最可怕的武器武装起来了，这些武器在杀灭昆虫的同时，也破坏了地球，这真是我们的不幸。

鉴赏与思考

地球是我们永恒的家园，每一种生命都有它存在的道理。人们妄图用化学武器控制自然，残暴地改变自然，结果只能是自我毁灭。这是本书的核心观点。虽然人类在化学控制的道路上彻底失败了，但是这并不是说没有新的更好的出路。在这一章，作者指出了全世界各地的科学先驱也正在研究和证实：新的出路——温和的生物控制法，才是我们应该尝试的另一条出路；同时提醒人类，任何时候都不能丢掉对自然的敬畏之心。

思考 无论你是科学家，还是普通大众，你会同意哪一种方法呢？你知道该如何与自然和谐相处吗？